日本の
海上権力

――作戦術の意義と実践――

下平拓哉［著］

成文堂

はしがき

　インド太平洋地域の安全保障は、日本にとっても、地域にとっても、そして国際社会にとっても大きな関心事である。

　世界中に拡散する IS 等の国際テロの拡散。強硬な主張と活発な軍事的活動を続ける中国とロシア。サイバーや宇宙といったこれまでの伝統的な安全保障概念を超えるような新たな作戦領域。無人機やレールガンに代表される急速なテクノロジーの進展。そして、インド太平洋地域においては、地震や津波、台風等の自然の猛威が繰り返し襲い、それに人為的な事故や災害も併せて被害を甚大化させている特徴がある。

　これらのどれ一つをとっても、解決の糸口を見出すことは容易ではなく、従来の安全保障理論の適用にも限界が指摘されるようになってきている。特に、日本が位置するインド太平洋地域には、伝統的安全保障脅威と非伝統的安全保障脅威が織りなす特徴を有し、いつ来るかわからない新たな脅威に対して備えを新たにすることが必要である。

　一国のみではもはや国の平和と安全を保つことは不可能である。自国の国力だけでは、迫りくる新たな脅威に対する能力にも自ずと限界があるのが現実の姿である。それぞれの国は、国益も異なれば、その能力、制約や限界も当然異なる。日本にとって、どの国と、どのように協力していくかは、国の平和と安全のみならず、インド太平洋地域、ひいては国際社会の平和と安定のためにも、死活的な問題である。

　本書においては、「シーパワー（sea power：海上権力）」と「作戦術（operational art）」という 2 つの視点を意識して日本の安全保障を考えていく。日本は四面を海に囲まれ、これまで海を通じて経済的繁栄を享受してきた。その海は国を豊かにする源であり、時に国を守る防波堤となり、また時に国を危険に晒す脅威の通り道となるように、日本と海は不可分である。そして、日本の

歴史上、最大の危機を招いた太平洋戦争における大きな教訓として、日本は戦略と戦術をつなぐ作戦の概念が欠如していたと言われ、現在の安全保障を考える上、「作戦術」は必須の視点である。

第1に、「シーパワー」とは、海に係わる国力の総和と表現できる。「シーパワー」の権威であるA.T.マハン（Alfred Thayer Mahan）は、米海軍大学における講義録をまとめて、1890年に『海上権力史論（The Influence of Sea Power upon History, 1660-1783)』を発表した。「シーパワー」を構成する3つの連鎖の環として、生産、海運、植民地を挙げ、生産量の増大が海外市場（植民地）を必要とし、製品と市場を結び海運によって交易品を運搬するために商船隊が育ち、この海外市場と商船隊を守るために海軍が必要であると説いた。そして、制海権の確保が、国家に富と繁栄をもたらし、世界をコントロールできると主張した。つまり、海洋活動を行う商船隊、それを守る海軍、それらの活動を支える拠点として必要な海外基地や植民地を「シーパワー」と規定したのであった。

インド太平洋地域における脅威が多様化しているのは間違いない。その最大の特徴が、いわゆるハイブリッド戦争であり、平時と有事、軍事と非軍事、民と軍といった境界が曖昧になっている。そこでは、平素からの取り組みがますます重要となってきているとともに、軍としての役割の見直しが強く求められている。日本にとって東日本大震災は、太平洋戦争以来未曾有の危機をもたらし、国のすべてのパワーを結集し、そのパワーの最大活用が求められた。四面を海に囲まれた日本は、海からのアプローチの重要性が強く認識された。そして、自衛隊、警察、消防といった政府関連アクターだけではなく、NGOといった非政府アクターによる活躍も目立った。これからのインド太平洋地域における日本の安全保障を考えていく上で、これらの教訓を分析し、日本の「シーパワー」をいかに駆使していくかを考え、将来に備えることが最も確実な安全保障努力である。

第2に、「作戦術」とは、戦略と戦術をつなぐ戦域レベルの作戦を中心に捉え、戦術的勝利を戦略目的の達成に寄与させるものである。インド太平洋地域における最大の安全保障アクターが米国であることは間違いない。ま

た、日本にとって最大の同盟国が米国であることも疑う余地はないであろう。そして、いくら国益を中心に国際政治を俯瞰しても、日本一国のみでその安全保障を担保することは、近い将来を含めて不可能に近い。しからば、インド太平洋地域における厳しい安全保障環境の下で生き抜いていくためには、どのように日米同盟を深化させていくかが引き続き最重要な命題となる。そして、それは役割分担の問題に直結するものであり、日本がどのような安全保障上の責任と役割を果たしていくかが最大の課題である。なぜならば、そこには大きな制約とともに、リスクもついてまわり、その制約とリスクを超えていくことなくして、国際的信頼を勝ちとることなど不可能であるからである。日本の最大の同盟国・米国、なかでも世界の海に展開する世界最強の米海軍は、「作戦術」をとりわけ重要視している。それは、戦略と戦術をつなぐ作戦思考を無視したがために、太平洋戦争で敗北した日本、ベトナム戦争で同じ過ちを米国が自ら犯してしまった歴史的教訓を知悉しているからである。国を亡ぼすような危険を避けるためには、この「作戦術」と歴史的教訓は、最も基本的だが最重要な要素であることを忘れてはならない。

　「日本の守り方」とは、「作戦術」を駆使して、日本の「シーパワー」を最大活用することであり、すなわち、インド太平洋という地域における日本の生き方であり、国際社会における日本の責任の示し方なのである。

目　次

はしがき　i

第Ⅰ部　戦略・作戦・戦術

第1章　「作戦術」とは何か………………………………………………… *3*

はじめに…………………………………………………………………… *3*

第1節　作戦術の発展経緯……………………………………………… *4*

第2節　作戦術の意義…………………………………………………… *6*

第3節　作戦術の本質…………………………………………………… *8*

おわりに………………………………………………………………… *12*

第2章　武器としての作戦思考
──戦略と戦術をつなぐもの──………………………… *14*

はじめに………………………………………………………………… *14*

第1節　作戦思考の重要要素…………………………………………… *15*

第2節　術としての作戦思考…………………………………………… *18*

第3節　作戦思考と人的要素…………………………………………… *19*

第4節　求められる軍人像……………………………………………… *22*

第5節　武器としての作戦思考………………………………………… *24*

おわりに………………………………………………………………… *26*

第Ⅱ部　中国のシーパワー

第3章　中国海軍の能力と活動 ……………………………… *31*

はじめに …………………………………………………………… *31*

第1節　中国海軍戦略 …………………………………………… *32*

第2節　水上艦部隊 ……………………………………………… *34*

第3節　水陸両用戦部隊と高速艇部隊 ……………………… *37*

第4節　潜水艦部隊 ……………………………………………… *40*

第5節　中国海軍の特徴的な活動 …………………………… *41*

おわりに …………………………………………………………… *45*

第4章　中国海警局の特徴と日本の対応 ………………… *46*

はじめに …………………………………………………………… *46*

第1節　中国の海上法執行機関 ……………………………… *47*

第2節　中国海警局の主な特徴 ……………………………… *49*

第3節　中国海警局の武装化 ………………………………… *50*

第4節　日本の対応 ……………………………………………… *52*

おわりに …………………………………………………………… *54*

第5章　中国海上民兵の実態と日本の対応
——海南省の実例を中心に—— ………………………… *55*

はじめに …………………………………………………………… *55*

第1節　海上民兵の位置づけ ………………………………… *56*

第2節　海上民兵の特徴的な活動 …………………………… *58*

第3節　海南省の海上民兵 …………………………………… *59*

第4節　日本の対応 ……………………………………………… *63*

おわりに ………………………………………………………………… *64*

第Ⅲ部　日本のシーパワー

第6章　東日本大震災初動における実績と課題
——海上自衛隊と米海軍の活動現場から—— ……………… *69*

はじめに ………………………………………………………………… *69*

第1節　海上自衛隊の主な活動 ……………………………………… *70*

第2節　「トモダチ」作戦 ……………………………………………… *72*

第3節　初の原子力災害派遣 ………………………………………… *75*

第4節　大規模震災初動における教訓と課題 …………………… *76*

おわりに ………………………………………………………………… *79*

第7章　シー・ベーシングの将来
——ポスト大震災の防衛力—— ……………………………………… *81*

はじめに ………………………………………………………………… *81*

第1節　シー・ベーシング機能 …………………………………… *83*

第2節　シー・ベーシングの系譜 ………………………………… *85*

第3節　シー・パワー21の実現 …………………………………… *91*

第4節　シー・ベーシングの今日的意義 ………………………… *94*

第5節　水陸両用機能の展開 ……………………………………… *97*

おわりに ………………………………………………………………… *99*

第8章　防衛省・自衛隊とNGO
——海からの人道支援／災害救援活動—— ……………………… *101*

はじめに ………………………………………………………………… *101*

第1節　NGOの概念 ………………………………………………… *104*

第2節　米統合ドクトリンにおける民軍関係‥‥‥‥‥‥‥‥‥‥‥‥‥‥ *106*

第3節　東日本大震災における NGO の活動実績と課題‥‥‥‥‥‥‥‥ *113*

第4節　HA/DR 初動における防衛省・自衛隊と NGO‥‥‥‥‥‥‥‥‥ *118*

おわりに‥‥‥‥‥‥‥‥‥‥‥‥‥‥‥‥‥‥‥‥‥‥‥‥‥‥‥‥‥‥‥‥ *121*

第Ⅳ部　新たな安全保障アプローチ

第9章　トランプ政権のインド太平洋安全保障政策と 日米同盟‥‥‥‥‥‥‥‥‥‥‥‥‥‥‥‥‥‥‥‥‥‥‥‥‥‥‥ *125*

はじめに‥‥‥‥‥‥‥‥‥‥‥‥‥‥‥‥‥‥‥‥‥‥‥‥‥‥‥‥‥‥‥ *125*

第1節　混迷を深めるトランプ政権‥‥‥‥‥‥‥‥‥‥‥‥‥‥‥‥‥ *127*

第2節　北朝鮮問題‥‥‥‥‥‥‥‥‥‥‥‥‥‥‥‥‥‥‥‥‥‥‥‥‥ *130*

第3節　インド太平洋地域の安全保障秩序‥‥‥‥‥‥‥‥‥‥‥‥‥‥ *133*

第4節　インド太平洋政策の重点と日米同盟‥‥‥‥‥‥‥‥‥‥‥‥‥ *135*

おわりに‥‥‥‥‥‥‥‥‥‥‥‥‥‥‥‥‥‥‥‥‥‥‥‥‥‥‥‥‥‥‥ *138*

第10章　米海軍のインド太平洋戦略 ——統合と多国間協力によるアクセスの確保——‥‥‥‥‥ *140*

はじめに‥‥‥‥‥‥‥‥‥‥‥‥‥‥‥‥‥‥‥‥‥‥‥‥‥‥‥‥‥‥‥ *140*

第1節　「グローバル・コモンズ」の争奪‥‥‥‥‥‥‥‥‥‥‥‥‥‥‥ *143*

第2節　米国の戦略的方向性‥‥‥‥‥‥‥‥‥‥‥‥‥‥‥‥‥‥‥‥‥ *145*

第3節　海軍ドクトリン1と海軍作戦概念2010‥‥‥‥‥‥‥‥‥‥‥‥ *148*

第4節　米海兵隊の今日的意義と米海軍‥‥‥‥‥‥‥‥‥‥‥‥‥‥‥ *153*

おわりに‥‥‥‥‥‥‥‥‥‥‥‥‥‥‥‥‥‥‥‥‥‥‥‥‥‥‥‥‥‥‥ *156*

第11章　インド太平洋地域における
新たな安全保障ダイヤモンド
──ミャンマーに対する日本の戦略的アプローチ── ········ *158*

はじめに ·· *158*

第1節　首飾りから海上シルクロード ································· *161*

第2節　ミャンマーの戦略的重要性 ···································· *164*

第3節　サイクロン・ナルギスの教訓 ······························ *167*

第4節　新たな安全保障ダイヤモンド ······························ *170*

おわりに ·· *173*

あとがき ·· *175*

第Ⅰ部
戦略・作戦・戦術

第1章 「作戦術」とは何か

はじめに

　空母4隻を失った日本海軍のミッドウェー海戦における大失敗は、太平洋戦争の流れを大きく変えた。また、米国のベトナム戦争における予想外の失敗は、米国内のみならず世界中を震撼させた。米海軍は、これらの失敗を「作戦術（operational art）」の無視あるいは欠如によるものと分析している。しかしながら、米海軍大学のベゴ（Milan Vego）教授によれば、米海軍は、現在に至ってもなお、依然として戦略と戦術の観点から判断することが支配的であり、「作戦術」が見過ごされやすいと警鐘を鳴らし続けている[1]。

　一般に戦争の本質は、変わらないが、戦争の性質は変わるもので、戦争の理解は科学（science）であるが、戦争の実施は術（art）と言われる[2]。「作戦術」によれば、より小さな部隊でもよく訓練すれば、より大きな敵を迅速かつ決定的に打ち負かすことができる[3]。つまり、「作戦術」の目的は、できるだけ短時間に、最小の兵力で、決戦に勝利することにあるのである[4]。

　「作戦術」に関する先行研究としては、日本では片岡徹也が用兵思想研究の視点から日本に欠如した研究領域と初めて指摘したものなどがあり、その概念と意義について整理されているものの[5]、「作戦術」を構成する具体的

1）　Milan Vego, "Thinking Between Strategy & Tactics," *Proceedings*, Vol. 138/2/1, 308, February 2012, p. 63.

2）　Milan Vego, "Science vs. the Art of War," *Joint Force Quarterly*, Issue 66, 3rd Quarter 2012, p. 69.

3）　Vego, "Thinking Between Strategy & Tactics," p. 64.

4）　Milan Vego, *Operational Warfare at Sea: Theory and practice,* Routledge, 2009, p. 3-4.

5）　片岡徹也『軍事の事典』東京堂出版、2009年、20-37頁、齋藤大介「戦争を見る第三の視点―『作戦術』と『戦争の作戦次元』―」『戦略研究』第12号、2013年1月、

4　第1章　「作戦術」とは何か

な要素について分析したものは管見の限り見当たらない。米国では、米海軍大学のベゴ教授が、太平洋戦争の教訓を分析して、「作戦術」を体系的にまとめ[6]、同大学の統合作戦に係る教育及び研究等に反映させている。

　本章の目的は、「作戦術」とは一体何であるのかを明らかにすることにある。そのために、まず、「作戦術」の発展経緯について整理し、次に「作戦術」の意義について分析する。そして、ベゴ教授の研究成果を中心に「作戦術」を構成する主な要素から、その本質を明らかにしていく。

第1節　作戦術の発展経緯

　「作戦術」に係る研究と実践は、1980年代に盛んとなるが、その起源は、1796年から1815年のナポレオン戦争時代に遡る。クラウゼビィッツ（Carl von Clausewitz）は、ナポレオン戦争に自ら参加し、その経験をまとめた1832年の『戦争論（On War）』において、戦争術を戦争指導と捉えた上で、戦略と戦術に区分して説明を加えている[7]。また、戦争とは戦役を超えた上位概念の戦略としていることから、クラウゼビィッツのいう戦略こそが「作戦術」であると指摘されている[8]。また、ジョミニ（Antoine Henri Jomini）は、同じく、ナポレオン戦争に参加し、1838年の『戦争概論（Summary of the Art of War）』を書き上げ、戦略と戦術の間に、「大戦術（Grand Tactics）」という概念を作っている[9]。

　この時代の戦争は、国民皆兵の総力戦や大規模な師団による機動といった空間的広がりにより、戦略や戦術のみでは捉えにくくなってきており、モル

79-100頁、北川敬三「安全保障研究としての『作戦術』―その意義と必要性」『国際安全保障』第44巻第4号、2017年3月、93-109頁など。

6）　Milan Vego, *Joint Operational Warfare: Theory and Practice*, U.S. Naval War College, 2009.

7）　川村康之編著『戦略論体系②　クラウゼヴィッツ』芙蓉書房、2001年、81頁。

8）　Wallace P. Franz, "Two Letters on Strategy: Clausewitz' Contribution to the Operational Level of War," Michael I. Handel, ed., *Clausewitz and Modern Strategy,* Frank Cass, 1989, pp. 171-194.

9）　佐藤徳太郎『ジョミニ・戦争概論』原書房、1979年、77頁。

トケ（Helmuth von Moltke）は、「作戦（operativ）」という概念を使って説明している[10]。

　1920 年代に入って、「作戦術」はソ連において発展を遂げる。1923 年、スヴェーチン（Alexandr A. Svechin）は、戦略と戦術の橋渡しとしての「作戦術（operativnoe iskusstvo）」との概念を創出し[11]、1936 年、トハチェフスキー（M. N. Tukhachevsky）は、「縦深作戦（Deep Operation）」を提唱して、「作戦術」の概念を発展させ[12]、第 2 次世界大戦の東部戦線においてドイツ軍を壊滅に至らしめることとなる。

　米国における「作戦術」は、南北戦争時の北軍のグラント（Ulysses S. Grant）将軍による南部分断のための作戦に垣間見ることができるが[13]、「作戦術」の本格的な発展は欧州やソ連に随分と遅れ、1981 年のルトワック（Edward N. Luttwak）による「戦争の作戦レベル（The Operational Level of War）」という論考まで待つこととなる。ルトワックは、「失われた領域」として戦略と戦術の間に、作戦レベルという概念が欠如していることを指摘し、朝鮮戦争やベトナム戦争で経験した過度に火力に依存した長期の「消耗戦（attrition warfare）」を避けるために、機動と柔軟性を駆使して優位な位置に立つ「機動戦（maneuver warfare）」の必要性を説いた[14]。

　このような「作戦術」の重要性をいち早く認識したのが米陸軍である。1982 年に米陸軍のドクトリンである『野外教範 FM100-5：作戦（Operation）』に「作戦術」の概念を初めて導入し、戦術レベルを超えた、敵を縦深において破壊する「エアランド・バトル（Air Land Battle）」という作

---

10) John English, "The Operational Art: Development in the Theories of War," B. J. C. McKercher and Michael A. Hennessy, eds., *The Operational Art: Developments in the Theories of War,* Praeger, 1996, p. 8.

11) Jacob Kipp, "Two Views of Warsaw: The Russian Civil War and Soviet Operational Art, 1920-1932," B. J. C. McKercher and Michael A. Hennessy, eds., *The Operational Art: Developments in the Theories of War,* Praeger, 1996, pp. 61-69.

12) English, "The Operational Art," pp. 13-14.

13) James J. Schneider, *Vulcan's Anvil: The American Civil War and the Foundations of Operational Art,* Bibliogov, February 2013.

14) Edward N. Luttwak, "The Operational Level of War," *International Security,* Vol. 5, No. 3, Winter 1980-1981, pp. 61-62.

6　第1章　「作戦術」とは何か

戦レベルの戦い方を規定した[15]。そして、『野外教範 FM100-5』の考え方は、『統合ドクトリン JP3-0 統合作戦（Joint Operations）』及び『統合ドクトリン JP5-0 統合計画（Joint Planning)』に継承され、「エアランド・バトル」の戦い方は、1991年の湾岸戦争で結実することとなる。

第2節　作戦術の意義

　米国における「作戦術」は、主として米陸軍内において発展を遂げてきたが、統合作戦の重要性と必要性が高まるとともに、米海軍においても大いに受容されることとなった。

　米海軍大学のベゴ教授は、米海軍における「作戦術」研究の権威であり、「作戦術」の視点から太平洋戦争における教訓の分析を行い、将来の戦いは、沿岸部（littoral）や狭い海（narrow sea）において、陸上作戦と緊密に関連した海上作戦が主流になると指摘している[16]。

　これまでの主要な海戦は、様々な戦争のレベルで戦われてきた。戦争のレベルとは、一般的には、戦略、作戦、戦術の3つに大別することができるが、その境界は曖昧で定まらず、しばしば重複している[17]。そして、戦略と戦術のギャップはあまりに大きく、かつ科学技術と戦術だけでは、戦争には勝利できない[18]。したがって、作戦レベルにおける判断の重要性がますます高まり、つまり「作戦術」を適用する必要性がある所以である。

　「作戦術」とは、『統合ドクトリン JP3-0 統合作戦』によれば、「指揮官・幕僚が、戦略や作戦を策定し、兵力を組織、配備するための批判的な考え方の適用」[19]であり、『統合ドクトリン JP5-0 統合計画』によれば、「指揮官・幕僚の技量、知識、経験に支えられた創造的な考え方の適用」[20]と微

---

15)　U.S. Army, *Field Manual 100-5 Operations,* August 1982.

16)　Vego, *Operational Warfare at Sea,* pp. 220-221.

17)　Ibid., pp. 41-44.

18)　Ibid., p. xii, 20.

19)　Joint Publication 3-0 Joint Operations, January 17, 2017, p. II-3, http://www.dtic.mil/doctrine/new_pubs/jp3_0.pdf.

妙な違いがある。

　これに対して、ベゴ教授は、これらのドクトリンにおける最大の間違い
は、「作戦術」のなかに戦略を入れていることであると批判した上で[21]、
「作戦術」とは「ある戦域における戦略的かつ作戦的目的を達成するため、
主要な作戦の計画、準備、実施、維持に関する理論と実践」[22]と定義して
おり、ベゴ教授の定義はより明確かつ具体的に本質をついたものと評価され
ている。現代戦において勝利するためには、優れた戦略のみでは不十分とな
ってきており、戦略と戦術の効果的な組み合わせが欠かせない。

　「作戦術」とは、戦略目的を一連の戦術任務に結びつけることであり、つ
まり、戦略と戦術をつなぐものである。いくら素晴らしい戦術的勝利があっ
ても、それが戦略目的の達成に寄与しなければ何の意味もなさないことは、
太平洋戦争の戦いの多くが物語っている。

　カナダ王立軍事研究所（Royal Canadian Military Institute）のイングリッシュ
（John A. English）によれば、「戦略が戦争の術であるならば、戦術は戦闘の
術であり、作戦術は戦役の術（the art of campaigning）」[23]と整理している。

　このように、戦争とは、個々の戦役の集まりであり、戦役は、個々の戦闘
の集まりであることを踏まえれば、「作戦術」の意義とは、戦略と戦術をつ
なぐことによって、戦争に勝利することである。

　戦略レベル、作戦レベル、そして戦術レベルの問題は、「作戦術」を適用
して考えればよい。しかしながら、戦略目的が付与された場合は、その目的
を達成するために、作戦レベルに立って、どのような戦術行動を採るべきか
を決定しなければならないことを忘れてならない[24]。

20）　Joint Publication 5-0 Joint Planning, June 16, 2017, p. IV-1, http://www.dtic.mil/
doctrine/new_pubs/jp5_0_20171606.pdf.

21）　Vego, "Thinking Between Strategy & Tactics," p. 63.

22）　Vego, *Operational Warfare at Sea*, p. 1-2.

23）　English, "The Operational Art," p. 7.

24）　Dale C. Eikmeier, "Operational Art and the Operational Level of War, are they
Synonymous? Well It Depends," *Small Wars Journal*, September 5, 2015.

8　第1章　「作戦術」とは何か

第3節　作戦術の本質

　戦争を勝利に導くためには、戦略レベルかつ作戦レベルに適切な範囲で、主要な作戦を行うことが必要である[25]。ベゴ教授の分析によれば、過去のすべての戦いの勝敗は、戦術レベルではなく、戦略レベルかつ作戦レベルで決定されている[26]。

　米海軍において、なぜ、「作戦術」を学ぶかと言えば、英国の著名な歴史学者ハワード（Michael Howard）が、「すべての軍隊は、必ず間違ったドクトリンを持ったまま戦争を開始する。」[27]と語っているように、実はドクトリンとは間違いがある不完全なものであるからである。ドクトリンとは、現在の能力と兵力構成、そして長年にわたる原則と教訓に基づいて策定され、ある軍事組織に、共通の哲学（考え方）、共通の言語、共通の目的、努力の集中をもたらすものである。脅威の多様化、作戦環境の変化、科学技術の進展等を踏まえ、ドクトリンは、絶えず見直し改定することが適当と考えられているが、それはなかなか容易なことではない。

　したがって、現在のドクトリンの基礎をなすものとして、「作戦術」を理解することが極めて重要となる。米海軍大学では、「作戦術」を学ぶ上での基本として、まず次の6つのトピックを教えている[28]。それが、目的、戦争のレベル、作戦要素、4つの質問、戦域の構造、重心である。

(1)　目的

　「作戦術」のなかでも最も考慮しなければばらないのが、目的である。すべての行動は、目的を達成するように仕向けられなければならない。戦略目

---

25)　David Jablonsky, "Strategy and the Operational Level of War," *The Operational Art of Warfare Across the Spectrum of Conflict*, U.S. Army War College, 1987, p. 14.

26)　Vego, *Operational Warfare at Sea*, p. 20.

27)　Michael Howard, "Military Science in an Age of Peace," in Chesney Memorial Gold Medal Lecture given on October 3, 1973 and published in *JRUSI*, Vol. 119, No 1, p. 7.

28)　Patrick C. Sweeney, "Operational Art Primer," *The United States Naval War College Joint Military Operations Department,* July 16, 2010.

的（strategic objective）は、所望結果（Desired End State: DES）に密接に結びついている。DES は、政治指導者が、達成したいという究極の状態や効果であり、政治、外交、軍事、経済、社会、情報、環境等様々な側面を含んでいる。つまり、軍事的な状況は、達成すべき DES の一部にしかすぎないのである。DES と同様に、戦略目的は、様々なパワーによって構成される。そして、戦略目的から作戦目的、戦術目的と順を追って確かめていくことが必要である。

(2) 戦争のレベル

図1に示すように、戦略レベル、作戦レベル、戦術レベルからなる3つの戦争のレベルを考えることによって、最上位の国家戦略目的から最下位の戦術行動を明確につなげることができる。例えば、地域軍司令官（Combatant Commander）は、主として戦域戦略レベルで作戦を実施するが、そ

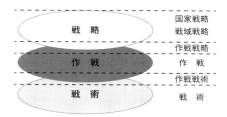

図1 戦争のレベル

（出所）　Milan Vego, *Joint Operational Warfare, Theory and Practice*, Newport, RI: Naval War College, 2009 に基づき筆者作成

れは、国家戦略レベルと作戦レベルの間を占めるレベルである。つまり、戦争の作戦レベルとは、戦略目的を戦術行動に翻訳することに他ならない。ここで注意しなければならないことは、すべての戦争のレベルには、それぞれの目的があり、緊密に関係していることである。

(3) 作戦要素

作戦要素とは、空間、時間、兵力からなる。行動の自由を確保するためには、この3つの作戦要素を効果的にバランスさせなければならない。すべての戦争のレベルにおいて意志決定する場合に、この作戦要素は極めて重要である。戦争のレベルが大きくなればなるほど、作戦要素の空間、時間、兵力も大きくなり、したがって、それぞれの目的を見ながら、これらを適切にバ

ランスさせることがより重要となる。

2001年の不朽の自由作戦を例にとれば、フランクス（Tommy Franks）中東軍司令官の戦略目的は、ターリバーン政権とアルカーイダ部隊を打ち負かし、体制変更させることにあった。そこで作戦要素の時間についてはなるべく早く、空間は、インフラが整備されず近傍でもない場所を中間基地として使い、兵力としてわずかな特殊部隊と航空兵力を使い、これらの作戦要素を適切にバランスさせたのであった。

(4) 4つの質問

「作戦術」に緊密に関連しているが、各レベルの指揮官は、作戦を考える場合、次の4つの問いに答えなければならない。

第1は、目的。目的を達成するためには、どのような状態が求められているか。

第2は、手段。これらの状態を作り出すためには、どのような一連の行動が適当なのか。

第3は、方法。これらの一連の行動を達成するためには、どのような資源が必要なのか。

第4は、危険（リスク）。一連の行動を実施する上で、最も生起しそうな代価（コスト）あるいは危険（リスク）とは何か。

危険のない作戦などほとんどない。指揮官は、この4つの質問についてバランスをとりながら、危険の緩和策を講じ、兵力の混合や別のアプローチ、あるいは目的の変更等の調整が必要である。特に、作戦レベルの危険は、任務に対する危険や兵力に対する危険といった死活的なものに直結していることを忘れてはならない。

(5) 戦域の構造

作戦を構想する場合には、常に地理的影響を考えなければならない。科学技術が進展した今日においても、地理はしばしば決定的な要素となる。戦域の構造に考える上で最も基本的なことは、作戦基盤（Bases of Operation）か

ら目的（Objective）に対する機動（movement/maneuver）である。この機動は、一つあるいはいくつかの作戦線（Lines of Operations）に沿って実施される。この作戦線とは決定点（Decisive Points）を通過して、目的に至る線である。決定点とは、作戦を成功に導くために必要な有利性を確保するための地理的な場所や特別な行動、死活的な要素や機能であり、しばしば下位の指揮官にとっての目的や任務となる。具体的には、統合軍を敵国に侵入させるための飛行場や港湾などを例示することができる

　また、作戦は計画どおりにはいかないことを知るべきである。したがって、基本計画のなかに、緊急事態の選択肢として支作戦（Branch Plan）を準備すべきである。支作戦は、敵の行動や反応によって、任務の変更や兵力の機動方向の変更がなされる場合に適用される。

(6)　重心

　目的は、すべての作戦に関係するが、我の兵力と目的を考える際には、敵の重心（Center of Gravity: COG）を考えなければならない。COGとは、道義的及び物理的パワー、行動の自由、そして行動の意志をもたらすパワーの源である。COGは、死活的能力（Critical Capability: CC）によって促進される。CCは、任務を達成する上で、COGのうち不可欠なものである。CCは、死活的要求（Critical Requirements: CR）から構成されている。CRは、CCの内、作戦を実施する上で不可欠な状態や資源、手段等をいう。一般にCOGを直接的に攻撃するためには、代価（コスト）がかかるため、一つあるいはいくつかの死活的脆弱性（Critical Vulnerabilities: CV）を間接的に攻撃することが効果的と言われている。CVとは、決定的あるいは顕著な効果をもたらす直接的あるいは間接的攻撃に対して欠陥があるあるいは脆弱なCRの側面をいう。これらは、敵のCOGについての説明であるが、同様に我のCOGについても熟考する必要がある。

　指揮官にとって最も重要なことは、実施する作戦の目的を決定することであり、その目的達成のために我と相手の重心を決める必要がある[29]。しかしながら、しばしば重心を決定することは難しく、ひとえに指揮官の適切な

12   第1章　「作戦術」とは何か

判断と経験によるものである[30]。

　そして、最も避けなければならないことは、太平洋戦争中の日本海軍が犯したような戦略と戦術を混同してしまうことである[31]。そのような過ちを繰り返さないためには、作戦を計画し、実施する上で作戦の全体像を描くことが重要であり、そのためには「作戦術」の理解が不可欠である。

おわりに

　米海軍の歴史を紐解くと、しばしば「作戦術」の重要性を忘却し、長らく戦術にとり憑かれてきたと言われる[32]。それは、脅威の変化や核兵器に代表される科学技術の発展といった影響を受けてのことであった。

　時代を経ても変わらないことがある。それは、クラウゼビィッツのいう「戦争とは政治の一手段である。」[33] ことである。したがって、戦争において同じ過ちを繰り返さないためには、「作戦術」が必要である。なぜならば、「作戦術」とは、戦略目的を一連の戦術任務に結びつけること、すなわち、戦略と戦術をつなぐものであり、その意義は、戦争に勝利することにあるからである。

　しかしながら、これを実践するのは、指揮官、すなわち人間であることを忘れてはいけない。これからの指揮官は、主要な作戦を実施する場合、軍事のみならず、外交、政治、経済、財政、社会、宗教等の非軍事的要素についても精通し、考慮しなければならない[34]。そして、指揮官は、強い人格、高貴な勇気、大胆さ、想像力とともに、並外れた作戦思考能力が必要であり、強者間の戦争では、よく考え、迅速に行動し、偉大な決断を下した方に

---

29)　Vego, *Operational Warfare at Sea*, p. 126.

30)　Ibid., p. 127.

31)　Ibid., p. 17.

32)　Milan Vego, "Obsessed with tactics: The Navy neglects the importance of operational art," *Armed Force Journal*, May 30, 2008, pp. 30-33, 46.

33)　川村康之編著『戦略論体系②　クラウゼヴィッツ』芙蓉書房、2001年、54-55頁。

34)　Vego, *Operational Warfare at Sea*, p. 4.

勝利がもたされる[35]。

　偉大な指揮官は、ほぼ例外なく熱心な歴史家である[36]。学ぶ者と学ばざる者との戦いの結果は、自明である。そこには、冷厳な戦いがあるだけである。

---

35) Milan Vego, "On Operational Leadership," *Joint Force Quarterly*, Issue 77, 2nd Quarter 2015, p. 68.

36) Milan Vego, "Military History and the Study of Operational Art," *Joint Force Quarterly*, Issue 57, 2nd Quarter 2010, p. 124.

第 2 章　武器としての作戦思考
──戦略と戦術をつなぐもの──

はじめに

　現在の国際関係は、混乱のなかにある。とりわけ、日本が位置するインド太平洋地域の安全保障環境は、中国の接近阻止・領域拒否（Anti-Access/Area Denial: A2/AD）能力向上と米国のリバランスに象徴されるように、ますます混迷の度合いを深めている。米国は 2014 年 3 月 4 日に『四年毎の国防計画見直し（Quadrennial Defense Review: QDR）』を策定し、統合軍のバランス修正を図っているが[1]、そこでは歴史的に見逃してはならないことがある。それが、作戦思考（operational thinking）である。

　ミッドウェー海戦における日本の大敗は、作戦思考の欠如によるものと分析されている[2]。また、ベトナム戦争における米国は、政策と戦略が不整合であったのみならず、本質的には戦略レベルと戦術レベルでの戦いで、やはり作戦思考が欠如していたと言われている[3]。

　このような歴史的に日米に共通して見られた作戦思考の欠如について、米海軍大学の統合軍事作戦（Joint Military Operation）部で、長年にわたって戦略、作戦、戦術の関係を研究してきたベゴ（Milan Vego）教授によれば、現在の米海軍においても、今もって作戦思考の必要性は誤解されており、作戦思考を無視もしくは否定すれば、否定的な結果を招くと警鐘を鳴らしている[4]。

---

1 ）　U.S. Department of Defense, "Quadrennial Defense Review Report," March 4, 2014.

2 ）　Milan Vego, "Thinking Between STRATEGY & TACTICS," *Proceedings*, Vol. 138/2/1, 308, February 2012, p. 63.

3 ）　Edward N. Lutwak, "The Operational Level of War," *International Security*, Vol. 5, No. 3, Winter 1980–81, p. 62.

それでは、勝利の必要条件と言われ、歴史的にその重要性が指摘されつつも定着しにくい作戦思考を定着させるためにはどのようにしたらよいのであろうか。ベゴ教授は、『統合作戦戦争－理論と実践（Joint Operational Warfare: Theory and Practice）』[5] や『海上における作戦戦争－理論と実践（Operational Warfare at Sea: Theory and Practice）』[6] 等、作戦思考に関する数多くの著作を記している。しかしながら、ベゴ教授をはじめとする先行研究においては、米軍における作戦思考の重要性と必要性については深い分析がなされているが、日本への適応について論じられているものは管見の限り発見できない。

　本章では、ベゴ教授の著作を中心に、作戦思考に係る重要要素を整理し、その中心的要素である人的要素の分析を踏まえた上で、今後求められる軍人像について考察し、最後に、日本において作戦思考を定着させる一方途について提言するものである。なお、作戦思考の日本への適応について考察する際、ベゴ教授をはじめ、米海軍大学で戦略・政策学部に所属（当時）しながら、米国防総省において QDR 等米国の戦略策定にも従事しているマンケン（Thomas G. Mahnken）教授、そして、元在日米海軍司令官として日本のことを熟知している戦略作戦統率学部長（当時）のケリー（James Kelly）教授ら 3 名のインタビューを参考とした。

第 1 節　作戦思考の重要要素

　作戦思考とは一体どのようなものであろうか。ベゴ教授は、『プロシーディング（Proceedings）』誌に、「戦略と戦術の間を考える（Thinking Between STRATEGY & TACTICS）」を書き、作戦思考の重要要素として次の 4 点を掲げている。

　第 1 に、作戦思考の中心的事項は、効果や目標にあるのではなく、作戦目

---

4)　Vego, "Thinking Between STRATEGY & TACTICS," p. 62.

5)　Milan Vego, *Joint Operational Warfare: Theory and Practice*, Government Printing Office, 2009.

6)　Milan Vego, *Operational Warfare at Sea: Theory and Practice*, Routledge, 2010.

的であること。なぜならば、作戦目的によって部隊配備の方法や戦争のレベル、展開の規模、運動、重心、欺瞞等が決定されるため、作戦思考をすることによって、海軍の効率性を向上させることができ、海戦において決定的な能力を増強することができるからである[7]。つまり、作戦遂行上、軍の効率性を上げて兵力を集中することが重要であり、そのためには明確で適切な作戦目的を掲げることが必要なのである。

第2に、海戦に勝利するための最重要要素が、人的要素であること。作戦思考の最も重要な要素は、指揮官の作戦的見通し、つまり、与えられた状況を軍事的かつ非軍事的側面で明確かつ客観的に見ることであり、そのためには、状況の複雑さを減らすための非常に高い能力が必要である。また、それとともに、作戦が達成された後の所望結果を描く能力が必要であり、その際、正しく敵の対応を予測し、またそれに適切に応じることを考えなければならない[8]。このように、いくら明確な作戦目的を掲げてみても、その作戦を実施する主体はあくまでも人であり、そして、その人が具体的な所望結果を描くことが重要なのである。

第3に、歴史の重要性である。具体的に作戦思考ができた指揮官として、キング（Ernest Joseph King）やニミッツ（Chester William Nimitz, Sr.）を例示し、空間と時間、部隊を適切にバランスさせる能力を有していたことを明らかにしている。そして、彼らに共通していたのは、戦略、作戦、戦術と戦争のレベルの相互作用について歴史を通じて理解し、艦乗りであるとともに知識人でもあったのである[9]。当然のことながら、未来は予測できない。しかしながら、未来を予見し、現在に対応する鍵は過去にしかないことを銘記しなければならない。

第4に、台頭する中国の存在である。中国が無類の競争者として太平洋に出現し、作戦思考に高い関心を示している一方で、米軍は軍の縮小化が進んでいる。中国に対する作戦思考を速やかに進め習得しなければ、有能な敵に

7）　Vego, "Thinking Between STRATEGY & TACTICS," p. 64.

8）　Ibid.

9）　Ibid., p. 65.

は立ち向かえないと警句を発している[10]。中国が米国と同様に作戦思考に関する問題認識を抱いていることは、中国が歴史を冷静に分析することを通じ、将来の戦い方を真剣に検討している証左と判断できる。

それでは、中国が将来の戦い方について、具体的にどのように考えているのであろうか。作戦思考の専門家であるベゴ教授に質問したところ、「中国は、日本の戦略と同じような考え方をしている。具体的には陸上兵力を中心に捉え、その上で海空域をどのように制するか考えている。また、日本と同様にエネルギー及び食糧の輸送路の重要性を認識しており、戦略的に見れば、常に挑発的な行動をとる傾向にある。」[11]と陸上兵力と海上輸送路の重要性を認識していることに着目し、かつ中国の挑発的行動の傾向を指摘した。

また、これに対して、米国の戦略に精通したマンケン教授によれば、「中国の戦略は地政学的要因や歴史的要因等、様々な要因から影響を受けている。中国の戦略文化は、党が中心で、中国が中心にある中華思想である。中国は多くの問題を抱えており、歴史的に、防御的と言いながらも常に好戦的であり、今日もまた同様である。」[12]と、中国の好戦的な戦略文化に注意すべきと指摘している。

さらに、ケリー教授によれば、「中国はすべての面において日米に追いつこうとしており、アジア太平洋地域のリーダーになろうとしている。そのために日米離隔を図ろうとしていることには注意する必要がある。また、中国は長期的視野を有しており、特に海軍については外洋海軍になることを指向している。」[13]と、中国の覇権的態様を指摘している。

これらから、中国は、米国を意識し、インド太平洋地域において対等な地

---

10) Ibid., p. 67.

11) ベゴ（Milan Vego）教授、筆者によるインタビュー、於米海軍大学、2013 年 12 月 3 日。

12) マンケン（Thomas G. Mahnken）教授、筆者によるインタビュー、於米海軍大学、2014 年 1 月 13 日。

13) ケリー（James Kelly）教授、筆者によるインタビュー、於米海軍大学、2014 年 1 月 10 日。

位を確保することを目指していると判断して間違いなさそうである。しかしながら、米中が同様な立場を目指しながらも、同様な作戦思考をしているか否かは注意して見ていかなければ、誤判断の危険性があるであろう。そのためには、作戦目的と人的要素と歴史を彼我ともに冷徹に判断することが必要である。

第2節　術としての作戦思考

　作戦思考の重要要素を踏まえた上で、ここでは次に、作戦思考とは一体、科学なのか術なのかについて分析してみる。ベゴ教授は、『ジョイント・フォース・クォータリー（Joint Force Quarterly）』誌に「戦争は科学か術か（Science vs. the Art of War）」を著し、戦争は科学であるかどうかについて次のように論じている。これまで戦争については、数々の数量的な分析がなされてきた。確かに戦争の歴史は、事例に溢れており、数量化の手法も有益ではあるが、実のところは繰り返し失敗してきた。戦争は完全に科学では説明できず、人間の感情の理解が必要である。戦争に関する知識と理解は科学であるが、戦争の遂行自体は、主に術（art）である。これは、科学と技術の進展にかかわらず、将来も変わることはなく、戦争の特徴は劇的に変化する。しかし、クラウゼヴィッツ（Carl von Clausewitz）が言うように、戦争の本質は不変である。戦争はその無形的特質を除けば、比較的単純であり、予測可能かつ制御可能である。難しいのは、無形的特質である人間的要素と精神的要素である[14]。

　また、ベゴ教授は戦争そのものについて分析し、それを教訓としてまとめている。『ジョイント・フォース・クォータリー（Joint Force Quarterly）』誌に提出された「軍事理論について（On Military Theory）」において、過去の戦争の全局面を包括的に分析し、将来の戦争を導く手掛かりとして、次の4つの歴史的教訓に整理している[15]。第1に技術的教訓として、兵器、セン

---

14)　Milan Vego, "Science VS. the Art of War," *Joint Force Quarterly*, Issue 66, 3rd Quarter 2012, p. 69.

サー、装備、プラットフォーム。第2に戦術的教訓として、戦闘、交戦、攻撃等の計画、準備、実施。第3に作戦的教訓として、主要な作戦のすべての側面の分析。そして、第4の戦略的教訓は、政治的、外交的、経済的、軍事的、情報的等、戦争全体を包括的に分析することによって得られるとした。そして戦争のレベルが上がるにつれ、教訓の重要性は高まり、その上で、戦争は人の意志の衝突であるため、人的要素が戦争の最重要要素なのである[16]。さらに、理論と現実の関係について分析を加え、勝利は戦術的、作戦的、戦略的技術の問題であり、戦争の実施は、術であり、科学ではない。確固とした軍事理論は、戦争のすべての側面に係る包括的かつ深淵な知識が必要であり、軍事理論は、実践から得られるとしている[17]。

このように、戦争は、術であることを強調しているとともに、戦争において人的要素を踏まえることが最重要であると分析している。つまり、戦争を遂行する指揮官にとって、術としての作戦思考とは科学を越えた数量化できないものにあるようである。

第3節　作戦思考と人的要素

それでは次に、作戦思考の重要要素の中でも中心的要素である人的要素について分析してみる。1990年代半ば以来、欧米をはじめとした西側先進国では、戦争に対するシステム・アプローチが支配的になってきた。例えば、ネットワーク中心の戦い（Network-Centric Warfare: NCW）や効果基盤型作戦（Effect Based Operation: EBO）等はその代表例である。

ベゴ教授は、『ジョイント・フォース・クォータリー（Joint Force Quarterly）』誌に、「戦争はシステムか伝統的アプローチか（Systems versus Classical Approach to WARFARE）」を著し、次のようにそのシステム・アプロ

---

15)　Milan Vego, "On Military Theory," *Joint Force Quarterly*, Issue 62, 3rd Quarter 2011, p. 60.

16)　Ibid., p. 64.

17)　Ibid., p. 66.

20 第2章 武器としての作戦思考

ーチに疑問を呈している[18]。

システム・アプローチは、経済、ビジネス、組織、政治といった人的活動の多くの側面を分析するのに広く適応できるが、戦争に適応させるべきではない。戦争は、依然として、不確実さ、摩擦、機会、幸運、恐怖、危険、不条理に満ちている。技術の進展はこれらを変えることはできない。したがって、現実を直視した理論が必要である[19]。

また、戦争のあらゆるレベルを分析する上で、人的要素が重要であり、状況の見える要素と見えない要素には、軍事的なものと非軍事的なものがあることに留意しなければならない。見える要素と見えない要素は流動的である。そして、指揮官は敵の能力や意図について誤った評価し、指揮官と幕僚にもしばしば誤解が生じる。まれの場合を除き、状況は予測できず、人的、技術的信頼性のなさは、戦争において大きな影響を及ぼす。したがって、戦争を成功に導くためには、作戦思考が最も死活的な要素の一つである[20]。

指揮官は、与えられた戦略的、作戦的、戦術的目標に対して、空間、時間、兵力のバランスを適切にとることが必要であり、敵の反応を予測する能力がなければならない。指揮官にとって最も重要なことは、敵の目を通して状況を見るということである。この作戦思考に非常に関係するのが、作戦的視点であり、主要な作戦の計画、準備、実施に係る作戦思考の実際的な応用である。作戦思考とは、究極的な戦略目標、作戦目標に対してどのような決心をするかということである[21]。

さらに重要なことは、ビジネス・モデルは、戦争に適用不可能であるということである。ベゴ教授は、『ジョイント・フォース・クォータリー（Joint Force Quarterly)』誌に、戦争遂行とビジネスとの関係について「戦争遂行はビジネスか（Is the Conduct of War a Business?)」と題し、次のように分析している。米軍が戦争遂行のために、ビジネス・モデルを導入した背景は、効率

---

18) Milan Vego, "Systems versus Classical Approach to WARFARE," *Joint Force Quarterly*, Issue 52, 1st Quarter, p. 40.

19) Ibid., p. 47.

20) Ibid., pp. 43-44.

21) Ibid., p. 45.

性の代わりに有効性を強調したからである。しかしながら、そこで重要なことは効率性と有効性の優先順序である。大規模な軍事組織を管理し、作戦計画を策定する際、高度な効率性が要求されるのは当然であるが、有効性のために軍事的効率性を犠牲にしてはならない[22]。米軍は長い間、予算や計画においてビジネス・モデルを駆使し、ベトナム戦争でも使用し、敗戦を招いた。戦争遂行とビジネスは、その最終目的と達成手段において明確な相違があり、一方で双方に共通するのは、人的要素が主要かつ重大な役割を有している点である。なぜならば、特に戦争は機械によってではなく、人によって勝利し、敗北するからである[23]。

　ここで、中国の人的要素についてどのように評価しているかについて、米海軍大学の3教授の意見を聴取してみた。ベゴ教授によれば、「中国は、党、陸軍が中心であり、物理的な効果を上げることを企図している。また、軍においては毛沢東思想が強く根付いていることは、その歴史的な行動様式を見れば一目瞭然であり、日本に対して力を誇示していることは明確である。」[24]

　また、マンケン教授によれば、「中国は、よく教育され、洗練されていると言えるが、依然として限定的である。また、党の強い指導による国内政治が中心である。」[25]

　さらに、ケリー教授によれば、「中国は、よく教育され、やる気満々で、人的制限がないことが特徴である。特に中国海軍については、非常にプロフェッショナルではあるが、経験量が非常に限定されていることに留意する必要がある。」[26] と、3教授共通して、中国において党指導の教育が行き届いていることを指摘している。

　このように、中国の人的要素については、教育は進展していても、それは

---

22)　Milan Vego, "Is the Conduct of War a Business?," *Joint Force Quarterly*, Issue 59, 4th Quarter, p. 61.

23)　Ibid., p. 59.

24)　ベゴ教授、筆者によるインタビュー、於米海軍大学、2013 年 12 月 3 日。

25)　マンケン教授、筆者によるインタビュー、於米海軍大学、2014 年 1 月 13 日。

26)　ケリー教授、筆者によるインタビュー、於米海軍大学、2014 年 1 月 10 日。

22 第2章 武器としての作戦思考

未だ限定的で、依然として党の強力な支配が大きな影響を与え続けていると解することができ、今後さらに多くの国際的な経験を積まなければ、誤解や誤認識が生まれる危険性を孕んでいると判断できる。

第4節 求められる軍人像

ベゴ教授は、作戦レベルの分析、評価について多くの業績を残しているが、残念ながら今後求められる軍人像について明確に論じているものはない。したがって、ここではベゴ教授と米海軍大学で将来の高級指揮官・幕僚にリーダーシップを教える責任者であるケリー教授へのインタビューを交えて、作戦に係る他の分析者等の意見を加えて分析していく。

今後求められる軍人像について、ベゴ教授によれば、「海軍のみではない総合的な（All-round）能力、知識が必要である。軍事のみならず非軍事も、政治、経済、法律等も含んだ広範な知識が必要である。」[27]と、総合的な能力と知識の必要性を強調した。それでは、その総合的とは、具体的にどのようなものが考えられるであろうか。

ワシントン研究所フェローのダニエル・グリーン（Daniel R. Green）は、2002年のアフガニスタン、2005年のイラクの教訓を踏まえ、地方復興チーム（Provincial Reconstruction Team: PRT）の活動により、対反乱活動における軍民共同の重要性が高まったとし、「軍人外交官（Warrior Diplomats）」という概念を提唱している[28]。そして、軍が市民と共同する際に、指揮官が留意しなければならない不可欠要素として、①防勢的戦闘における市民組織の参加、②軍民組織・要領の統合、③軍民共同を通じての努力の倍増、④軍民共同による実施、の4つを掲げ、特に努力の倍増を目指す上で、軍が冗長性（redundancy）を維持することが必要としていることは興味深い[29]。そして、

---

27) ベゴ教授、筆者によるインタビュー、於米海軍大学、2013年12月3日。
28) Daniel R. Green, "Warrior Diplomats & Developments Devil Dogs," *Proceedings*, Vol. 138/4/1, 310, April 2012, pp. 68-69.
29) Ibid., pp. 72-73.

今日の戦いは、これまでの戦い方とは本質的に違う不規則戦（irregular warfare）とも言うべきもので、そのためには軍民のギャップを埋め、全政府的アプローチ（a whole-of-government approach）による努力の統一を図るべきと結論づけている[30]。つまり、国を挙げての対応が必要なときは、当然のごとく軍民共同の必要性が高まり、軍民のギャップを埋めることが重要となるため、軍人には外交官的資質が必要となるのである。

　同じく、米国伝統の民兵制度やアフガニスタンやイラクの教訓等を踏まえたものとして、モスコス（Charles Moskos）は、「市民軍人（Citizen-Soldier）」という概念を提唱している。アフガニスタン、イラク戦争の結果、人的需要が増し、予備役招集だけでは需要を満たすことが難しくなってきたために提唱されたものであり、短期募集を促進し、様々な専門的職務に従事させるものである[31]。つまり、市民ができる軍事活動であり、逆説的に考えれば、軍民協力を進める上で、軍人にも市民的資質が必要となってきているのである。

　また、米議会調査局の上級国防専門家のジョン・コリンズ（John M. Collins）によれば、米海軍大学における専門軍事教育（Professional Military Education: PME）について、より戦略的な視点が必要とし、「何を考えるか」よりも、「どのように考えるか」を重視すべきで、その理想像を「軍人学者（Soldier-Scholar）」と表現している[32]。つまり、国家を挙げての知的活動が必要となってきているのである。

　ブース（Ken Booth）は、海軍の機能を軍事的役割、外交的役割および警備的役割に分類しているが[33]、先行研究においては、民生的役割の重要性を指摘した[34]。これらの海軍の機能を発揮する主体である指揮官は、少な

---

30)　Ibid., p. 73.

31)　Charles Moskos, "A New Concept of the Citizen-Soldier," *Orbis*, Fall 2005, pp. 663-675.

32)　John M. Collins, "A New School of THOGHT," *Proceedings*, Vol. 138/2/1, 308, February 2012, pp. 59-60.

33)　Ken Booth, *Navies and Foreign Policy*, New York: Holmes & Meier Publishing, INC, 1979, p. 16.

34)　下平拓哉「日米同盟の転換点—統合シーランド・アプローチ構想と日米同盟の深化—」『海外事情』第60巻7・8号、2012年7・8月、76頁。

24　第2章　武器としての作戦思考

くとも、外交官、市民（民生）、知識人である軍人である必要があるであろう。

　最後に、ケリー教授によれば、どのようなリーダーシップをとるのではなく、リーダーになることが重要であるとし、その必要条件として、経験、教育、訓練、自己向上（personal develop）の4つを掲げていることは興味深く注目すべきことである[35]。これらの4条件を通じて、人としての「抗堪性」を高めることが今後より求められているのである。

第5節　武器としての作戦思考

　米国の陸海空軍及び海兵隊の大学において長きにわって教鞭をとってきた著名な歴史学者であるマレー（Williamson Murray）によれば、指揮官には知的準備（intellectual preparation）が必要であるとしている[36]。海軍指揮官に求められるものが、外交官、市民（民生）、知識人といったことを踏まえた上で、それでは日本において作戦思考を定着させるためには、どのような準備が必要であろうか。

　ベゴ教授は、『ジョイント・フォース・クォータリー（Joint Force Quarterly）』誌に「戦史と作戦術研究（Military History and the Study of Operational Art）」を著し、指揮官は、例外なく歴史の読者であるが、多くの指揮官は戦史を学ぶことを避ける傾向があることを指摘している[37]。そして、戦史とは何かと問い、歴史は真実を語っているゆえ、人が犯してきた失敗の歴史を知る基礎であると定義している[38]。そして、戦史は、戦場における見方を形成する基礎知識を与え、図上演習や野外訓練等は、作戦、戦術

---

35)　ケリー（Jamie Kelly）教授、筆者によるインタビュー、於米海軍大学、2014年1月10日。

36)　Williamson Murruy, "Does Military Culture Matter?," John F. Lehman and Harvey Sicherman eds., AMERICA The Vulnerable: Our Military Problems and How to Fix Them, Foreign Policy Research Institute, 2002, p. 140.

37)　Milan Vego, "Military History and the Study of Operational Art," *Joint Force Quarterly*, Issue 57, 2nd Quarter 2010, p. 124.

38)　Ibid., p. 125.

の質を向上させる最高の道具であるとしている[39]。

　また、ベゴ教授は、『ジョイント・フォース・クォータリー（Joint Force Quarterly）』誌に、「作戦限界点と攻勢転換点（Operational Overreach and the Culmination Point）」を著し、戦争で勝利するためには、戦術レベルより、空間、時間、兵力の要素がより大きな作戦レベルがより重要であり[40]、目に見えない要素であるリーダーシップ、モラル、規律、ドクトリン、訓練は依然として死活的に重要であり、数量化できない要素を重視すべきとしている[41]。

　さらに、マンケン教授は、『プロシーディング（Proceedings）』誌に、「平和の霧を通過して（Sailing Through the 'FOG OF PEACE'）」を著し、指揮官には、理論と実践、戦略と作戦が必要であり、その連続性を認め、新しいものを認識することが重要で、より教育に時間をかけて、最近の紛争と過去の歴史的紛争のバランスをとる必要性を指摘している[42]。

　これらに共通してわかることは、指揮官に必要な知的準備とは、歴史を通じて、数量化できないものを学ぶことである。したがって、これからの軍人に求められている要素としての外交官、市民（民生）、知識人とともに、作戦思考を定着させるためには、指揮官が歴史等の真実を素材とした演習を通じて、数量化できない要素を学ぶことが必要である。そして、ただ作戦思考の重要性を学ぶだけではなく、不測の事態にあって勝利に直結する作戦思考、すなわち、瀧本哲史の言を借りれば[43]、「武器としての作戦思考」として実際に使えるものに昇華させなければならない。

　最後に、この「武器としての作戦思考」について、日本が具体的に身につけていくためには、どのようなことに留意すべきか、米海軍大学の3教授の

---

39)　Ibid., p. 126.

40)　Milan Vego, "Operational Overreach and the Culmination Point," *Joint Force Quarterly*, Summer 2000, p. 103.

41)　Ibid., p. 106.

42)　Thomas G. Mahnken, "Sailing Through the 'FOG OF PEACE'," *Proceedings*, Vol. 138/2/1, 308, February 2012, pp. 54-57.

43)　瀧本哲史『武器としての決断思考』星海社、2011年。

意見を聞いてみた。3教授に共通していたのは、教育の必要性とそれには多大な時間を要することであった。特に、ベゴ教授は、「日本は立ち上がるべきだ（stand up)。」[44]と、強い意志の表明を指摘し、マンケン教授は、「具体的な動機づけが必要である。」[45]とし、ケリー教授は、「作戦遂行上、コアリッションが必要となってきている現代において、お互いを知ることが最重要である。」[46]と、日本が作戦思考を身につける上での留意事項を指摘した。現在の、そしてこれからの新しい日本には、知的活動への強い意志が必要なのである。

おわりに

軍事科学技術がハイテク化し、より多様多彩な軍隊への再形成が求められる中、任務が複雑に絡み合う軍事組織の最重要要素は、「強靭性（resiliency)」[47]と言われている。米海兵隊は、安全保障環境に大きな変化があるたびに、不要論が叫ばれてきたが、その都度自己の存在意義を問い続けることによって、それを退け、今日に至っている。米海兵隊総司令官のエイモス（James F. Amos）大将によれば、海軍・海兵隊は、海洋国家の安全保障にとって不可欠な要素であるとし[48]、その海兵隊にとって最も必要なことは、戦う方法論ではなく、戦う哲学であり、「誇り」と「勇気」と「関与」という中核的価値をもって、海兵隊を「強靭な（resilient)」組織にすると明言している[49]。

これからの軍隊、特に海軍指揮官にとって、作戦思考の重要性はますます高まっているのであり、知的挑戦をしなければならない新たな時代に入って

---

44) ベゴ教授、筆者によるインタビュー、於米海軍大学、2013年12月3日。
45) マンケン教授、筆者によるインタビュー、於米海軍大学、2014年1月13日。
46) ケリー教授、筆者によるインタビュー、於米海軍大学、2014年1月10日。
47) Bryan B. Battaglia and Christian R. Macedonia, "Resiliency: The Main Ingredient in a Military Household," *Joint Force Quarterly*, Issue 65, 2nd Quarter 2012, p. 6.
48) James F. Amos, "Who We ARE," *Proceedings*, Vol. 138/11/1, 317, November 2012, p. 18.
49) Ibid., p. 17.

きているのである。

第Ⅱ部
中国のシーパワー

第3章　中国海軍の能力と活動

はじめに

　近年、海洋への進出が著しい中国海軍の実力とは一体どの程度のものであろうか。かつて海軍国と呼ばれた日本や英国、ドイツ、そして現在の米国は、世界の海を席捲したが、中国海軍がこれらの海軍国のような成果を成し遂げられないと考えるのは軽率であると米海軍大学のホームズ（James R. Holmes）教授らは警鐘を鳴らしている[1]。

　特に、中国海軍水上艦艇の能力は急速な向上を遂げている。国産空母の建造を進め、高性能なイージス駆逐艦や原子力潜水艦などを整備し、米海軍に迫る中国海軍の能力は、インド太平洋地域における存在感を確実に高めてきている。米海軍分析センター（Center for Naval Analyses: CNA）のマクデビッド（Michael McDevitt）は、中国海軍は世界最大規模で世界第2の外洋型海軍になると分析している[2]。

　本章の目的は、中国海軍の能力はどの程度なのかを明らかにすることにある。そのために、まず、中国海軍の戦略を踏まえた上で、次に水上艦部隊、水陸両用戦部隊、潜水艦部隊等の特徴的な能力について整理し、中国海軍の近年の特徴的な活動について分析する。

---

1 ）　James R. Holmes and Toshi Yoshihara, "Taking Stock of China's Growing Navy: The Death and Life of Surface Fleets," *Foreign Policy Research Institute*, Vol. 61, Issue 2, Spring 2017, p. 274.

2 ）　Michael McDevitt, "Becoming a Great "Maritime Power": A Chinese Dream," *Center for Naval Analyses*, June 2016, p. v.

第 1 節　中国海軍戦略

　2017 年 6 月 20 日、中国国家発展改革委員会と国家海洋局は「『一帯一路』建設海上協力構想」を発表し、「21世紀海上シルクロード」の沿岸国に向けて次のような提案を発した。「ブルースペースの共有とブルー経済の発展を主軸に、海洋生態環境の保護、海上での互恵・相互接続の実現、海洋経済の発展の促進、海上の安全維持、海洋科学研究の深化、文化交流の展開、海洋ガバナンスへの共同参与などを重点として、グリーン発展の道を共に歩み、海を拠り所とする繁栄の道を共に創り出し、安全保障の道を共に築き、知恵と革新の道を共に建設して、協力・ガバナンスの道を共に図ることで、人と海の調和のとれた共同発展を実現させる。」[3] つまり、中国は自らが発展するために海の共有を推し進めようとしており、その手段が「共に」である。これは米国がこれまで採用してきた関与戦略を想起させるものである。

　「21世紀海上シルクロード」について、国際海洋安全保障センター(Center for International Maritime Security) は、次の 3 つの傾向があると分析している。第 1 に、中国企業によるインフラ整備。第 2 に、商船の増大。そして、第 3 に海軍力の展開である[4]。これは、まさにマハン (Alfred Thayer Mahan) が定義する、海洋活動を行う商船隊、それを守る海軍、そしてそれらの活動を支える拠点として必要な海外基地や植民地からなる「シーパワー (海上権力)」そのものである[5]。

　2017 年 10 月 18 日、中国共産党第 19 回全国代表大会において、習近平総書記は、「小康社会の全面的完成の決戦に勝利し、新時代における中国の特色ある社会主義の偉大な勝利を勝ち取ろう」と題する報告を行い、「中国の

---

3)　「国家発展改革委員会と国家海洋局、『「一帯一路」構想の海上協力に関する構想』を共同発表」新華網 News, June 21, 2017, http://jp.xinhuanet.com/2017-06/21/c_136382825. htm.

4)　David Scott, "Chinese Maritime Strategy for the Indian Ocean," *Center for International Maritime Security*, November 28, 2017, http://cimsec.org/chinese-maritime-strategy-indian-ocean/34771.

5)　Alfred Thayer Mahan, *The Influence of Sea Power upon History, 1660-1783*, 1890; repr., New York: Dover Publications, 1987.

特色ある社会主義は新時代に入った。」と新時代の幕開けを宣言した。そして、小康社会を完成させたその先の目標として、「社会主義現代化強国」の全面的な建設を掲げ、初めて「強国」という文言を使用した。また、「人類運命共同体」という文言も 5 回使用しており、「共に」を意識していることが窺える[6]。

そして、2050 年までに中国を富強・民主・文明・和諧・美麗の「社会主義現代化強国」として完成するため、「党の指導堅持」に始まる 14 項目の方略を提起し、その後、経済、社会、文化、政治、軍事、外交等について具体的な説明を加えた。

軍事においては、「全面的に新時代における党の強軍思想を貫徹し、新情勢下における軍事戦略方針を貫徹し、強大な現代化陸軍、海軍、空軍、ロケット軍、戦略支援部隊を建設し、高効率の戦区統合作戦指揮機構を作り、中国の特色ある現代作戦体系とし、党と人民の付与した新時代の使命と任務を担わなければならない。」と述べている。そして、今後重視すべき分野として、「伝統的安全保障領域と新型安全保障領域における軍事闘争準備を総合調整・推進する」「新型の作戦力量と保障力量を発展させる」「軍事知能化の発展を加速させる」ことを明らかにしている[7]。

中国海軍の戦略に関しては、防衛省防衛研究所発行『中国安全保障レポート 2016』にその変遷が詳述されており、1949 年 4 月 23 日創設以来、第 1 期 1950〜1970 年代は、「沿岸防御・近岸防御」、第 2 期 1980〜2000 年代は、「近海防御」、そして、2000 年代以降第 3 期は、「近海防御・遠海防衛」と変化を遂げている[8]。

6） Xi Jinping, "Full text of Xi Jinping's report at 19th CPC National Congress," *China Daily*, November 4, 2017, http://www.chinadaily.com.cn/china/19thcpcnationalcongress/2017-11/04/content_34115212.htm.

7） 中国共産党第 19 回全国代表大会の分析については、山口信治「中国共産党第 19 回全国代表大会の基礎的分析①〜④」*NIDS* コメンタリー、第 62,63,65,66 号、2017 年 11 月 2 日、11 月 13 日、12 月 4 日、http://www.nids.mod.go.jp/publication/commentary/pdf/commentary062.pdf.

8） 『中国安全保障レポート 2016：拡大する人民解放軍の活動範囲とその戦略』防衛省防衛研究所、2016 年 3 月 1 日、7 頁。

34　第3章　中国海軍の能力と活動

　2015年5月26日、中国国務院新聞弁公室は、「中国の軍事戦略」と題した『2015年国防白書』を発表した。その文頭では、「現在の世界は未曽有の大変局に面しており、中国は改革発展の鍵となる段階にいる。」と表現している。また、「3　積極防御戦略の方針」の中では、「海上軍事闘争及び闘争準備を最優先」とし、「4　軍事力量建設発展」では、「伝統的な陸重視・海軽視の考え方を突破し、海洋に関する経済戦略と海洋権益の保護を高度に重視しなければならない。」と記述している。そして、海軍については、「『近海防御』から『近海防御と遠海防衛の結合型』への転換」を図っている[9]。

　米国防大学のコール（Bernard D. Cole）によれば、中国海軍の戦略は公式には発表されていないが、中国海軍は政治的目的のために存在しており、つまり、国内的な政治目的、主権、経済的な目的を達成する[10]。そして中国海軍は、「戦争以外の軍事作戦（Military Operations Other Than War: MOOTW）」を重要視するとともに、米海軍を戦略的競争相手と見なしていると分析している[11]。

　これらのことから、中国海軍戦略とは、中国を強国へと発展させるために、「近海防御・遠海防衛」を進め、中国の海として海を支配することにある。したがって、米海軍が平素からの競争相手となるのは必然である。

第2節　水上艦部隊

　中国海軍が活動範囲を拡大し、活動の質と量の双方を強化できるようになってきた背景には、軍装備の近代化がある。米海軍情報局レポートによれば、中国海軍は、現在300隻以上の水上艦艇を保有しており、過去15年間でより高度に科学技術化され柔軟性をもった兵力となったと評価している。2014年だけでも60隻以上就役させており、今後もほぼ同様の就役が予想さ

　9）　『2015年国防白書』中国国務院新聞弁公室、2015年5月26日。

10）　Bernard D. Cole, "What Do China's Surface Fleet Developments Suggest about Its Maritime Strategy?," Peter A. Dutton and Ryan D. Martinson eds., *China's Evolving Surface Fleet*, U.S. Naval War College China Maritime Study, No. 14, July 2017, p. 17.

11）　Ibid., pp. 20-21.

第2節　水上艦部隊　*35*

れている。そしてより大型化し、様々な任務に対応できる外洋型の艦艇の比率が上がり、アジアで最も能力の高いものとなると分析している[12]。

　米国防百科事典サイト（Defencyclopedia）は、2016年末に世界最強の駆逐艦トップ10を発表しており、中国からはルーヤンIII級（Luyang III, 052D型）駆逐艦が4位、ルーヤンII級（Luyang II, 052C型）駆逐艦が9位にランクインしている[13]。米海軍大学のホームズ教授らによれば、2004年以降、中国は6つのタイプの新型艦艇を整備し始め、なかでも特に顕著なことは、ルーヤンIII級駆逐艦、ジャンカイII級（Jiangkai II, 054A型）フリゲート、ジャンダオ級（Jiangdao, 056型）コルベットが量産態勢に入っており、艦隊の主力となってきていることである[14]。そして、中国の水上艦艇は、政治的関与の象徴であるとともに、多様な任務に対応するために、様々な組み合わせをすることができると高い評価を与えている[15]。

　第1に、ルーヤンIII級駆逐艦は、7,500トンの最新鋭ミサイル駆逐艦でルーヤンII級駆逐艦とともに「中華イージス」とも呼ばれている[16]。2014年に1番艦の「昆明（Kunming, 172）」が就役、2017年までに計6隻が就役している。2017年6月には、13隻目となる「斉斉哈爾（Qiqihar）」が大連造船所（大連船舶重工集団有限公司）で進水した。対艦巡航ミサイルYJ-18や艦対空ミサイルHQ-9を装備する他、装備している346A型アクティブ・フェーズド・アレイ・レーダー（active electronically scanned array: AESA）は、F-35ライトニングIIステルス戦闘機を探知できると言われている[17]。中国

---

12)　Office of Naval Intelligence, *The PLA Navy: New Capabilities and Missions for the 21st Century*, April 2015, p. 13.

13)　"Top 10 Most Powerful Destroyers in the World," *Defencyclopedia*, December 30, 2016, https://defencyclopedia.com/2016/12/30/top-10-most-powerful-destroyers-in-the-world/.

14)　Holmes and Yoshihara, "Taking Stock of China's Growing Navy," p. 269.

15)　Ibid., p. 277.

16)　Michael McDevitt, "The Modern PLA Navy Destroyer Force: Impressive Progress in Achieving a "Far-Seas" Capability," Peter A. Dutton and Ryan D. Martinson eds., *China's Evolving Surface Fleet,* U.S. Naval War College China Maritime Study, No. 14, July 2017, p. 61.

17)　Franz-Stefan Gady, "China Launches New Guided-Missile Destroyer: China launched

は、この数年の内にルーヤンIII級駆逐艦を18隻以上就役させる予定であるとともに、10,000トン以上ある新型の055型駆逐艦の1番艦「南昌（Nanchang）」を進水させている[18]。中国最大である上海の江南長興島造船基地（江南造船（集団）有限責任公司）では、ルーヤンIII級駆逐艦を同時に複数隻作れる能力があると言われている[19]。

　第2に、ジャンカイII級フリゲートは、設計、装備あらゆる面で刷新された4,000トン級のステルス性のあるフリゲートである。対空、対潜、対水上にバランスの取れた兵装を備え、またそれらの武器とレーダーやソナーなどのセンサー類は、フランスのテクノロジーに基づく国産の戦術情報処理装置を中核として連結され、高度にシステム化されている。2017年末、29隻目が進水した[20]。艦隊防空能力がある対空ミサイルHQ-16を装備していることから、近海防御というよりも空母を護衛するなど遠海防衛における作戦に主用されるであろう。

　第3に、ジャンダオ級コルベットは、平時の領海警備や対テロ・海賊対策などへの対処を重視した比較的軽度な装備である1,500トン級のコルベットで、ジャンカイII級フリゲートとホウベイ級（Houbei, 022型）ミサイル艇の間を埋める近海防御用の艦艇と言える。対空、対潜、対水上の各種武装を備え、ヘリコプター甲板も有しているため汎用性は高く、今後、尖閣諸島や南沙（スプラトリー）諸島など中国が領有権を主張している係争海域に、海警とともに積極的に投入されることが予想される。現在37隻が就役しており、

---

the 13th Type 052D destroyer on June 26," *The Diplomat*, June 30, 2017, https://thediplomat.com/2017/06/china-launches-new-guided-missile-destroyer/.

18)　"China to christen its first Type 055 destroyer as Nanchang," *DEFPOST*, November 16, 2017, https://defpost.com/china-christen-first-type-055-destroyer-nanchang/.

19)　Gabe Collins and Andrew Erickson, "New Destroyer a Significant Development for Chinese Sea Power," *The Wall Street Journal*, October 8, 2012, https://blogs.wsj.com/chinarealtime/2012/10/08/new-destroyer-a-significant-development-for-chinese-sea-power/.

20)　Franz-Stefan Gady, "China Launches New Type 054A Guided-Missile Stealth Frigate: The People's Liberation Army Navy's (PLAN) latest guided-missile frigate was launched on December 16," *The Diplomat*, December 20, 2017, https://thediplomat.com/2017/12/china-launches-new-type-054a-guided-missile-stealth-frigate/.

60 隻まで整備される予定である[21]。

　空母については、米リベラル系オンラインメディアのハフィントンポスト（HuffPost）によれば、現在就役しているのは「遼寧（Liaoning）」だけであるが、3隻目となる空母もすでに建造が始まっている模様であり、2025年までに空母6隻を建造し、うち2隻は原子力空母と計画されている[22]。ルーベル（Robert C. Rubel）元米海軍大学教授によれば、中国の空母は国家の誇りであり、中国共産党の目的、すなわち軍事力維持の象徴と評価している[23]。

　訓練や実際の作戦を実施していく上で忘れてはならない極めて重要なものが、補給艦等の後方支援部隊である。なかでも特に重要な燃料を補給する補給艦 AOR（Replenishment Oiler）については、北海艦隊2隻、東海艦隊3隻、南海艦隊2隻という限られた兵力しかないのが現実である[24]。したがって、米海軍大学のホームズ教授らが指摘するように、中国の水上艦艇はアジアの地域紛争において非常に強力であるが、陸上配備の対艦ミサイル射程内で行動することが予想される[25]。

第3節　水陸両用戦部隊と高速艇部隊

　中国軍事アナリストのブラスコ（Dennis J. Blasko）は、過去15年で急速に近代化されているのが水陸両用戦部隊と高速艇部隊であり、その数は劇的に

21）　Franz-Stefan Gady, "China's Navy Inducts 2 More Sub Killer Stealth Warships: The People's Liberation Army Navy commissioned two stealth corvettes into service this month," *The Diplomat*, November 30, 2017, https://thediplomat.com/2017/11/chinas-navy-inducts-2-more-sub-killer-stealth-warships/.

22）　"China Likely to Become Aircraft Carrier Superpower Soon," *HuffPost*, July 24, 2016, https://www.huffingtonpost.com/asiatoday/china-likely-to-become-ai_b_11164324.html.

23）　Robert C. Rubel, "An Assessment of Chinese Aircraft Carrier Aviation," Peter A. Dutton and Ryan D. Martinson eds., *China's Evolving Surface Fleet*, U.S. Naval War College China Maritime Study, No. 14, July 2017, p. 90.

24）　Alexandre Sheldon-Duplaix, "China's Auxiliary Fleet: Supporting a Blue-Water Navy in the Far Seas" Peter A. Dutton and Ryan D. Martinson eds., *China's Evolving Surface Fleet*, U.S. Naval War College China Maritime Study, No. 14, July 2017, p. 96.

25）　Holmes and Yoshihara, "Taking Stock of China's Growing Navy," p. 275.

38 第3章 中国海軍の能力と活動

は増加していないものの、能力は確実に向上しており、中国の抑止力は高まっていると分析している[26]。

まず、水陸両用戦部隊については、ユージャオ級（Yuzhao）ドック型揚陸艦（Landing Platform Dock: LPD, 071型）を4隻、中型揚陸艦（Landing Ship Medium）を23隻、戦車揚陸艦（Tank Landing Ship：LST）を29隻、その他揚陸艇（Landing Craft）を84隻保有しており、これらをすべて合わせる約16,000人を揚陸させる能力を有している[27]。水陸両用戦部隊の主力であるLPDは、現在4隻就役しており、南海艦隊には、「崑崙山（Kunlunshan, LPD998）」、「井崗山（Jinggangshan, LPD 999）」、「長白山（Changbaishan, LPD989）」が、東海艦隊には「沂蒙山（Yimengshan, LPD988）」が配備されている。

2010年、「崑崙山」は海賊対処任務のために、アデン湾に展開した。2013年3月、「井崗山」は3隻の水上艦艇とともに、南沙（スプラトリー）諸島のジェームズ礁（曽母暗沙）において、水陸両用作戦と非伝統的安全保障任務に係る訓練に参加している[28]。

LPDの他に、新たな揚陸手段も続々と導入されている。第1に強襲揚陸艦（Landing Helicopter Dock: LHD）である。2020年までに、上海の滬東中華造船有限公司において、米海軍のワスプ級強襲揚陸艦（Wasp-class LHD）と同等の075型強襲揚陸艦を運用すると見積もられている[29]。第2に、RORO（Roll-On/Roll-Off）船である。2012年に初の国防仕様のRORO船「渤海翠珠（Bohai Emerald Bead）」が山東省煙台沖で処女航海を実施した。

---

26) Dennis J. Blasko, "The PLA Navy's Yin and Yang: China's Advancing Amphibious Force and Missile Craft," Peter A. Dutton and Ryan D. Martinson eds., *China's Evolving Surface Fleet*, U.S. Naval War College China Maritime Study, No. 14, July 2017, p. 1.

27) The Military Balance 2017, IISS, February 14, 2017, p. 282.

28) Calum MacLeod and Oren Dorell, "Chinese Navy makes waves in South China Sea," *USA Today*, March 27, 2013, https://dinmerican.wordpress.com/2013/03/28/chinese-navy-makes-waves-in-south-china-sea/.

29) Dave Majumdar, "China's New Amphibious Assault Ship: A Big Waste of Time?," *The National Interest*, March 31, 2017, http://nationalinterest.org/blog/the-buzz/chinas-new-amphibious-assault-ship-big-waste-time-19961.

これは、4隻計画されている内の1隻目であり、16,000トン、2000人の人員と300両以上の車両が運搬できる[30]。第3に、ホバークラフト揚陸艇である。2013年4月、ポモルニク級ホバークラフト揚陸艇（Pomornik-class Landing Craft Air Cushion）4隻の内1隻をウクライナから受領した。人員500人、戦車3両を移送可能である[31]。2015年7月には、「井崗山」を中心とした南海艦隊の揚陸艦部隊が南シナ海で上陸訓練を実施し、ポモルニク級ホバークラフト揚陸艇が初めて参加した[32]。

2017年6月6日、米国防総省が議会に提出した『中国の軍事力に関する年次報告2017（Annual Report to Congress: Military and Security Developments Involving the People's Republic of China 2017)』によれば、中国の水陸両用戦能力は、新たな能力と継続的な訓練により、徐々に向上してきており、中国陸軍が台湾進攻を、そして中国海兵隊が南シナ海の島々と尖閣諸島を指向していると分析している[33]。

次に、高速艇部隊については、ホウベイ級ミサイル艇が65隻以上、ホウジャン級（Houjian, 037 II 型）ミサイル艇が6隻、ホウシン級（Houxin, 037 I G型）ミサイル艇が20隻就役している。他の水上艦艇が主として遠海防衛に対応するのに対し、高速ミサイル部隊は、近海防御を主任務としており、集団で行動し、他の兵力と協力して、ミサイルの有効射程範囲内から多方向からの攻撃を企図するものである[34]。

---

30) "RoRo Ship 'Bohai Emerald Bead' Starts Its Maiden Voyage," *World Maritime News*, August 10, 2012, https://worldmaritimenews.com/archives/63081/roro-ship-bohai-emerald-bead-starts-its-maiden-voyage-china/.

31) "Experts dismiss PLA Navy's landing craft from Ukraine as giant toys," *South China Morning Post*, June 25, 2013, http://www.scmp.com/news/china/article/1268175/experts-dismiss-pla-navys-landing-craft-ukraine-giant-toys.

32) 「南海艦隊登陸軍演首出動野牛気塾艇」『中時電子報』、2015年7月20日、www.chinatimes.com/realtimenews/20150720005056-260409.

33) U.S. Department of Defense, *Annual Report to Congress: Military and Security Developments Involving the People's Republic of China*, June 6, 2017, p. 83, https://www.defense.gov/Portals/1/Documents/pubs/2017_China_Military_Power_Report.PDF.

34) Blasko, "The PLA Navy's Yin and Yang," p. 4.

第4節　潜水艦部隊

　米海軍大学のホームズ教授は、科学技術の進歩により、中国潜水艦部隊はより攻勢的になると分析している[35]。『中国の軍事力に関する年次報告2017』によれば、中国は現在、潜水艦部隊の近代化に高い優先をおいており、弾道ミサイル発射型原子力潜水艦（Ballistic Missile Submarine Nuclear-Powered: SSBN）を4隻、攻撃型原子力潜水艦（Nuclear-powered attack submarine: SSN）を5隻、ディーゼル潜水艦（SS）を54隻それぞれ保有しており、2020年までに69〜78隻まで増強すると分析している[36]。

　SSBNについては、ジェームズタウン財団（The Jamestown Foundation）は、ジン級（JIN, 094型）は、射程7,200キロの潜水艦発射弾道ミサイル（Submarine-Launched Ballistic Missile: SLBM）JL-2（CSS-N-14）を12発搭載し、中国は旧ソ連がオホーツク海の聖域化を図ったことを、南シナ海において実施しようとしているが、いまだ静粛性に問題があると分析している。改良型の094A型、次世代のSSBNである096型は、後継のSLBMであるJL-3が搭載されると見積もっている[37]。

　SSNについては、英国際戦略研究所（International Institute for Strategic Studies: IISS）は、シャンII級（SHANG II, 093A型）は、2016年後半に活動を開始し、順次旧式のハン級（Han, 091型）と交代すると見積もられているが、2016年後半時点で、原子力潜水艦を整備する造船所が渤海造船所（渤海船舶重工有限責任公司）だけであることから、2020年までに原子力潜水艦が追加されることはないと分析している。そして、中国の潜水艦隊について、2020年までかなり増大するが、作戦可能な実質にあまり変化はなく、中国潜水艦

---

35)　James Holmes, "Why the U.S. Navy Should't Fear China's 'Hunt for Red October' Missile Submarine," *The National Interest*, July 21, 2017, http://nationalinterest.org/feature/why-the-us-navy-shouldnt-fear-chinas-hunt-red-october-21630?page=show.

36)　U.S. Department of Defense, *Annual Report to Congress Military and Security Developments Involving the People's Republic of China 2017*, p. 24.

37)　Renny Babiarz, "China's Nuclear Submarine Force," *China Brief*, Vol. 17, Issue 10, July 21, 2017, https://jamestown.org/program/chinas-nuclear-submarine-force/.

隊が抱える問題点は、乗組員、基地施設、そして造船能力であると分析している[38]。さらに次の10年間において、対艦攻撃能力及び対地攻撃能力を向上させたシャン級（SHANG, 093型）を改良した093B型の建造が予測されている[39]。

第5節　中国海軍の特徴的な活動

中国海軍の近年の特徴的な活動としては、次の6点を指摘することができる。

第1は、空母機動部隊としての活動開始である。

2013年11月26日、中国初の空母「遼寧」は、駆逐艦2隻、フリゲート2隻とともに母港の青島を出港し、訓練海域である南シナ海に向かった。それまで「遼寧」は、黄海付近を中心に、単独で航行訓練や艦載機の離着艦訓練を繰り返してきたが、駆逐艦やフリゲートとともに艦隊を編成し、近距離防空、対潜水艦攻撃、敵地攻撃など長距離訓練を実施したことは、従来の訓練レベルから確実に向上し、攻撃型空母機動部隊としての訓練レベルに入ったことを意味している[40]。

2016年12月26日、台湾国防部の発表によれば、「遼寧」は台湾・フィリピン間のバシー海峡を経て、台湾南端の屏東県南方海域を通過し、南シナ海において台湾が実効支配する東沙（プラタス）諸島の南東海域を航行した[41]。「遼寧」が南シナ海に入るのは2013年11月以来、2回目である。前

---

[38]　Henry Boyd and Tom Waldwyn, "China's submarine force: an overview," *IISS Military Balance Blog*, October 4, 2017, https://www.iiss.org/en/militarybalanceblog/blogsections/2017-edcc/october-0c50/chinas-submarine-force-1c50.

[39]　Ibid.

[40]　"China carrier steams towards disputed South China Sea for drills," *Reuters*, November 26, 2013, https://www.reuters.com/article/us-china-defence/china-carrier-steams-towards-disputed-south-china-sea-for-drills-idUSBRE9AP08220131126.

[41]　"China's Aircraft Carrier Enters South China Sea Amid Renewed Tensions," *HuffPost*, December 27, 2016, https://www.huffingtonpost.com/entry/south-china-sea_us_586183a4e4b0de3a08f5f15e.

回は中国大陸と台湾の間の台湾海峡を通ったが、今回は、初めて「第1列島線」（九州-沖縄-台湾-フィリピン）の宮古海峡を越えて西太平洋で訓練を実施し、台湾の東側を半周するような航路をとって、海南島三亜の海軍基地に到着した。そして、2017年1月2日、海南島に寄港していた「遼寧」は、南シナ海でJ-15（殲15）艦載戦闘機や艦載ヘリコプターの発着や空中給油を含む戦闘訓練を実施した。中国が南シナ海で空母艦載機の発着訓練を行ったのは初めてである[42]。

第2は、潜水艦の活動誇示である。

2017年8月29日から9月4日までの6日間、中国海事局は南シナ海西沙（パラセル）諸島で実弾射撃訓練のため、航行禁止海域を設定した。南シナ海における米軍の航行の自由作戦への牽制と見られる[43]。9月1日、中国軍網は、南シナ海における潜水艦の魚雷発射訓練の模様を伝えている。潜水艦は海上封鎖を想定し、輸送船団と水上艦艇などへの攻撃訓練を行ったという[44]。中国が潜水艦訓練の模様を明らかにするのは極めてまれである。

2018年1月10日から11日にかけて、中国の潜水艦が、宮古島及び尖閣諸島の大正島の接続水域を通過した。その際、中国海軍ジャンカイII級フリゲート1隻も大正島北東の接続水域に入域した[45]。このように、近年、中国は隠密行動を原則とする潜水艦の活動を誇示することによって、中国海軍のプレゼンスを示すメッセージを送っている。

第3は、海空共同作戦能力の向上である。

2016年1月31日、Y-8早期警戒機1機とY-9情報収集機1機が、初めて対馬海峡を通過して日本海に入った[46]。

---

42) 「中国空母『遼寧』、南シナ海で艦上戦闘機の発着艦など演習」*Record China*, 2017年1月3日、http://www.recordchina.co.jp/b159892-s0-c10.html.

43) 「防制美艦？　陸海軍連6天南海実弾軍演」中時電子報、2017年9月1日、www.chinatimes.com/realtimenews/20170901004652-260417.

44) 「深海突撃！　南海艦隊某潜艇支隊組織実射戦雷演練」中国軍網、2017年9月1日、www.81.cn/hj/2017-09/01/content_7740112.htm.

45) 防衛省「潜没潜水艦及び中国海軍艦艇の動向について（第1報）」2018年1月11日、http://www.mod.go.jp/j/press/news/2018/01/11a.html; 防衛省「潜没潜水艦の動向について」2018年1月12日、http://www.mod.go.jp/j/press/news/2018/01/12g.html.

2016 年 8 月 18 日及び 19 日には、Y-8 早期警戒機 1 機と H-6 爆撃機 2 機が対馬海峡を通過して日本海に入ったが、中国軍が保有する最大の爆撃機である H-6 爆撃機が確認されたのは初めてである[47]。翌 8 月 20 日には、上対馬南東海域から対馬海峡を南下するジャンカイⅡ級フリゲート 1 隻、ルーヤンⅡ級ミサイル駆逐艦 1 隻及びフチ級補給艦 1 隻が確認されている[48]。中国メディアの発表によれば、8 月 19 日、中国海軍ジャンカイⅡ級フリゲート「荊州」を旗艦とする艦隊とランチョウ級駆逐艦「西安」を旗艦とする艦隊は、日本海の某海域で赤組青組対抗訓練を実施した。東海艦隊航空兵（航空部隊）某爆撃機連隊の複数の爆撃機が早期警戒機の誘導により、「西安」を旗艦とする青組の艦隊に正確な攻撃（爆撃）を行ったと報じている[49]。

2017 年 1 月 9 日、H-6 爆撃機 6 機が、Y-8 早期警戒機 1 機、Y-9 情報収集機 1 機の計 8 機が、対馬海峡上空を通過し、東シナ海と日本海を往復した[50]。また、翌 1 月 10 日には中国海軍のジャンカイⅡ級フリゲート 2 隻とフチ級補給艦 1 隻の合計 3 隻が、対馬海峡を通過して日本海から東シナ海へ向かっていることが確認されている[51]。したがって、H-6 爆撃機の飛行目的は空対艦ミサイルによる対艦攻撃など、水上艦艇との共同訓練を行った可能性が考えられる。

第 4 は、爆撃機や戦闘機による活動拡大である。

---

46) 統合幕僚監部「中国機の東シナ海及び日本海における飛行について」2016 年 1 月 31 日、www.mod.go.jp/js/Press/press2016/press_pdf/p20160131_01.pdf.

47) 統合幕僚監部「中国機の東シナ海及び日本海における飛行について」2016 年 8 月 18 日及び 19 日、http://www.mod.go.jp/js/Press/press2016/press_pdf/p20160818_01.pdf、http://www.mod.go.jp/js/Press/press2016/press_pdf/p20160819_01.pdf.

48) 統合幕僚監部「中国海軍艦艇の動向について」2017 年 8 月 21 日、www.mod.go.jp/js/Press/press2016/press_pdf/p20160821_01.pdf.

49) 「中国海軍航空兵、日本海で艦船航空機対抗訓練実施」新華網日本語、2016 年 8 月 21 日、http://jp.xinhuanet.com/2016-08/21/c_135619673.htm.

50) 統合幕僚監部「中国機の東シナ海及び日本海における飛行について」2017 年 1 月 9 日、www.mod.go.jp/js/Press/press2017/press_pdf/p20170109_01.pdf.

51) 統合幕僚監部「中国海軍艦艇の動向について」2017 年 1 月 10 日、www.mod.go.jp/js/Press/press2017/press_pdf/p20170110_01.pdf.

44　第 3 章　中国海軍の能力と活動

2017 年 8 月 24 日、H-6 爆撃機 6 機が東シナ海から沖縄本島・宮古島間の公海上を通過して日本列島に沿う形で紀伊半島沖まで飛行した後、反転して同じ経路で東シナ海へ戻った[52]。H-6 爆撃機 6 機による東京方面へ進行するようなルートを飛行したのは初めてのことである[53]。

2017 年 12 月 18 日、SU-30 戦闘機 2 機、H-6 爆撃機 2 機が、TU-154 情報収集機 1 機、Y-8 電子戦機 1 機が対馬海峡を通過して日本海へ展開したが、戦闘機による日本海への進出は初めて確認されたものである[54]。中国メディアは、12 月 18 日、中国空軍の爆撃機、戦闘機、偵察機などが対馬海峡を通過し、日本海の国際空域で訓練を実施して、遠洋実戦能力を検証したと発表している[55]。

第 5 は、人工島の着実な整備である。

2017 年 11 月 29 日、中国中央電視台によれば、中国空軍の J-11B（殲－11B）戦闘機が南シナ海上空で編隊訓練を行い、同戦闘機が西沙（パラセル）諸島ウッディー島（永興島）に建設された航空機用の恒温密閉格納庫に納められる様子を紹介した。複数の J-11B が着陸し、少なくとも 1 機が格納庫に収容されたことが確認できる[56]。中国は、F-22 にも匹敵する性能を有するとされる新たに開発した J-20（殲-20）ステルス戦闘機の南沙（スプラトリー）諸島への配備を念頭においている可能性がある。

第 6 は、新たな軍事基地の整備である。

中国は近年、潜水艦の輸出を活発化させており、バングラデッシュ、パキスタン、タイの 3 か国が導入を決めた[57]。『中国の軍事力に関する年次報告

---

52)　統合幕僚監部「中国機の東シナ海及び太平洋における飛行について」2017 年 8 月 24 日、www.mod.go.jp/js/Press/press2017/press_pdf/p20170824_01.pdf.

53)　「中国が"東京爆撃"の飛行訓練を進める思惑」*President Online*, 2017 年 9 月 8 日、http://president.jp/articles/-/23051.

54)　統合幕僚監部「中国機の東シナ海、日本海及び太平洋における飛行について」2017 年 12 月 18 日、www.mod.go.jp/js/Press/press2017/press_pdf/p20171218_01.pdf.

55)　「中国空軍機編隊が対馬海峡を通過し日本海で訓練」人民網日本語版、2017 年 12 月 19 日、http://j.people.com.cn/n3/2017/1219/c94474-9306097.html.

56)　「J-11B 戦闘機を南シナ海・領有紛争の島に配備、恒温格納庫も建設」Record China, 2017 年 11 月 30 日、www.recordchina.co.jp/b224125-s0-c10.html.

57)　「中国が潜水艦輸出攻勢　インド洋沿岸諸国へ」『朝日新聞』2018 年 1 月 15 日。

2017』によれば、中国がアフリカ東部ジブチでの初の海外軍事基地建設を完了した後、他国での海外基地建設を推し進めていく可能性が高いとの見方を示し、その場合の候補国としてパキスタンを挙げている。中国はパキスタンなど、長年にわたる友好的関係があり、同様の戦略上の利益を有する国々に、追加的な軍事基地を建設する可能性が高いと分析している[58]。

おわりに

かつて「中国は脅威か」という有名な問いを投げかけた中国研究の権威である早稲田大学の天児慧教授は、中国台頭論を客観的に分析するためには、政治、外交、軍事、経済、環境などの多角的な分析が欠かせないことを強調した[59]。今後、「中国海軍は脅威か」という問いについて答えを求めていくためには、軍事面だけの分析、特に統合作戦が基本である現代戦において、純粋に海軍力の分析だけで判断することはあまりにも軽々である。しかしながら、海軍の能力と活動は、隠さずその真実を示していることもまた確かである。

「21世紀海上シルクロード」における活躍が予想されるアクターは、中国の商船隊とそれを防護する中国海軍、中国海警局、そして、海上民兵から構成される中国のシーパワーである[60]。インド太平洋地域においては、平素から、米、中、日、豪、インドなどのシーパワーをめぐる交わりが一層活発になるものと思われる。これらの地域において、日本の責任と役割がますます重要となる。

---

58) U.S. Department of Defense, *Annual Report to Congress Military and Security Developments Involving the People's Republic of China 2017*, p. 8.

59) 天児慧編『中国は脅威か』勁草書房、1997 年。

60) 下平拓哉「中国海警局の特徴と日本の対応」『日本戦略研究フォーラム季報』Vol. 74、2017 年 10 月、99-104 頁；下平拓哉「中国海上民兵の実態と日本の対応－海南省の実例を中心に－」『日本戦略研究フォーラム季報』Vol. 73、2017 年 7 月、84-90 頁。

第4章　中国海警局の特徴と日本の対応

はじめに

　海上における警察、すなわち海上法執行機関として一般的なものが沿岸警備隊（Coast Guard）であり、日本では海上保安庁が相当する。2013年7月22日、中国の沿岸警備隊に相当する中国海警局（China Coast Guard: CCG）が正式に発足した。その中国海警局船舶が日本領海内に侵入する事案が相次いでいる。2017年8月10日、中国海警局の「海警2506」と「海警1304」の2隻が、初めて鹿児島県佐多岬沖の日本領海内に進入した[1]。この2隻は、7月15日に、長崎県対馬市南西及び福岡県宗像市沖ノ島北の日本領海内に侵入し、7月17日には青森県竜飛崎沖の津軽海峡の日本領海内を航行している[2]。このように、近年、尖閣諸島周辺海域のみならず、中国公船の活動が活発化・拡大化していることは注目すべき特徴である。

　中国海警局に関する先行研究は、越智均・四元吾朗や竹田純一によるもの[3]、そして米海軍大学中国海事研究所（China Maritime Studies Institute: CMSI）のゴールドスティン（Lyle J. Goldstein）准教授やマーチンソン（Ryan D. Martinson）助教授によるものがある[4]。なかでもマーチンソン助教授は、

1）　「中国海警局の船2隻　鹿児島沖の領海に一時侵入」*NHK News*、2017年8月10日。
2）　「『尖閣以外』7月3件　中国公船・軍艦」『毎日新聞』2017年7月19日。
3）　越智均・四元吾朗「中国海上法執行機関の動向について—中国海警局成立後の海警事情を中心として—」『海保大研究報告』第59巻第2号、123-145頁、同その2、第60巻第1号、143-159頁；竹田純一「新発足　中国海警局とは何か—"整合"の進展度と今後の行方—」『島嶼研究ジャーナル』第3巻2号、2014年4月。
4）　Lyle J. Goldstein, "Five Dragons Stirring Up the Sea: Challenges and Opportunity in China's Improving Maritime Enforcement Capabilities," *Naval War College China Maritime Study*, No. 5, April 2010.

CMSI の膨大な中国語データベースを分析している中国海警局研究の第一人者であり、「中国海警局は維権（weiquan）すなわち権益擁護のための艦隊」であり、「中国第 2 の海軍」と位置づけている[5]。

　本章は、主にマーチンソン助教授の最新の研究成果に基づき、中国の海上法執行機関の概要を踏まえた上で、中国海警局の特徴と武装化が進む状況について分析するとともに、今後の日本の対応について考察するものである。

第 1 節　中国の海上法執行機関

　中国では、もともと国土資源部国家海洋局の海監総隊（海監：China Marine Surveillance: CMS）、公安部辺防管理局の海警（海警：Maritime Police/China Coast Guard: CMP）、交通運輸部海事局（海巡：Maritime Safety Administration: MSA）、農業部漁政局（漁政：Fisheries Law Enforcement Command: FLEC）、国務院海関総署の緝私警察（海関：General Administration of Customs: GAC）という 5 つの行政機関が海上法執行にあたってきた。その主な任務については、海監・漁政は資源や環境と海洋権益の確保、海警・緝私警察は海上の治安確保と犯罪摘発、海巡は海上交通安全と整理できる[6]。これらは五龍と呼ばれ、なかでも海監と漁政がもっぱら海上の最前線に立ってきた[7]。

　2012 年 11 月 8 日に開かれた中国共産党第 18 期全国代表大会（18 全大会）において、胡錦濤総書記は「海洋資源の開発能力を高め、海洋経済を発展させ、海洋生態環境を保護し、国家の海洋権益を断固として守り、海洋強国を建設する。」[8]と、海洋強国建設への目標を定め、この党大会で発足した習近平体制に引き継がれた。

---

5)　Ryan D. Martinson, "China's Second Navy," *Proceedings*, Vol. 141/4/1, 346, April 2015, pp. 24-29.

6)　竹田「新発足　中国海警局とは何か」101 頁。

7)　竹田純一「中国の海洋政策―"海洋強国"目標への軌跡と今後―」『島嶼研究ジャーナル』第 2 巻 2 号、2013 年 4 月、87 頁。

8)　胡錦濤「堅定不移沿着中国特色社会主義道路前進 為全面建成小康社会而奮闘」『人民日報』2012 年 11 月 18 日。

48　第 4 章　中国海警局の特徴と日本の対応

　そして、2013 年 2 月に国家海洋局を視察した李克強副総理は、「海上法執行機関を科学的に統合しなければならず、総合的な法執行を強化しなければならない。」[9] と海上法執行機関の重要性を強調した。

　このような海洋強国建設の上で、海洋権益の重要性を認識し、海上法執行機関の組織と装備の必要性から、2013 年 3 月 14 日の第 12 期全国人民代表大会第 1 回全体会議において、「国務院機構改革及び職能転変方案」が承認され、海監、漁政、海警、海関の 4 機関の組織と職責を整理統合し、国家海洋局内に中国海警局が新たに設置された[10]。

　中国海警局発足 2 日後の 7 月 24 日には中国海警局所属の「海警 2350（海監 50）」「海警 2101（漁政 201）」「海警 2506（漁政 206）」「海警 2166（海監 66）」の 4 隻が船体の塗装を新組織のものに塗り替えて、尖閣諸島周辺海域の日本領海内に侵入した。新組織発足直後に、そのプレゼンスを見せつけるものとなった。

　五龍のなかで整理統合の対象となっていない一龍が、交通運輸部海事局の海巡である。海巡が統合再編されなかった理由としては、海巡は国際海事機関で定められた航海法規、海事規則などの国際法に基づく行動が求められているため、中国国内法を根拠に行動する中国海警局の足枷になりかねないために排除されたと言われている[11]。マーチンソン助教授によれば、海巡の主任務は、海上安全であり、救助艦船としては世界最大規模である 5418 トンの「海巡 01」を有し、マレーシア航空 MH370 の捜索救助に参加するなど、中国海上法執行機関の「ニコニコ顔（smiling face）」として友好的な外交関係の推進役を担っている。しかしながらその一方で、東シナ海では春暁（白樺）ガス田の定期的な防護を行い、南シナ海の西沙（パラセル）諸島においては石油掘削装置「海洋石油 981」の防護などにも参加しており、「自由な龍（untamed dragon）」としての特徴を有している[12]。

---

9 ）　「李克強慰問我国極地大洋科考隊員和海監工作人員」『人民日報』2013 年 2 月 9 日。

10）　「国務院機構改革和職能転変方案」『人民日報』2013 年 3 月 15 日。

11）　森本敏他『"海洋国家" 中国にニッポンはどう立ち向かうか』日本実業出版社、2016 年、138 頁。

12）　Ryan D. Martinson, "From Words to Actions: The Creation of the China Coast Guard,"

第2節　中国海警局の主な特徴

　中国の海上法執行機関の整理統合によってできた新たな中国海警局について、防衛省防衛研究所『中国安全保障レポート』では、「能力の強化に繋がるという意味で警戒すべき動向である。」[13] と分析している。それでは、具体的にどのような能力が向上しているのか、その主な特徴について整理してみる。

　第1は、世界最大級の大きさである。2017年6月6日に、米国防総省が発表した『中国の軍事情勢に関する年次報告書』によれば、中国は、1000トン以上の巡視船を130隻以上保有し、その規模は世界最大で、2010年から2倍以上に膨れ上がっている[14]。マーチンソン助教授は、大型船の数が顕著に増えていることに注目し、これにより一層行動日数が増加すると分析している[15]。

　第2は、重武装化である。最新の映像会議システムや高速電送装置、遠隔監視採証装置、中国版GPSの「北斗」衛星測位システム等を装備するほか、遠隔操作可能な高圧放水砲を装備するのみならず、中国海軍が運用しているZ-8型ヘリコプターを搭載したり、米海軍艦艇や海上自衛隊護衛艦にも装備されている76mm砲と同口径の砲を装備するなど、海軍艦艇と見間違えるような重装備化の傾向にある。例えば、最新の「海警2901」「海警3901」は、12,000トン、76mm砲を装備し、25ノット以上の高速航行が可能であり、6,500トンで35mm及び40mm砲を装備する海上保安庁の「しきしま」型巡視船を凌ぐ世界最大の巡視船である[16]。

CNA Conference China as a Maritime Power, July 28-29, 2015, pp. 27-28.

13) 防衛省防衛研究所『中国安全保障レポート2013』2014年1月30日、13頁。

14) U.S. Department of Defense, *Annual Report To Congress: Military and Security Developments Involving the People's Republic of China 2017*, June 6, 2017, p. 56, https://www.defense.gov/Portals/1/Documents/pubs/2017_China_Military_Power_Report.PDF?ver=2017-06-06-141328-770/.

15) Ryan Martinson, "The China Coast Guard-Enforcing China's Maritime Rights and Interests," in Michael McDevitt, *Becoming a Great "Maritime Power": A Chinese Dream*, CNA, June 2016, p. 59.

第3は、軍艦からの改装と軍艦への改装である。2015年12月26日、尖閣諸島久場島沖の日本領海内に「海警31239」が侵入したが、機関砲を装備した中国公船による初の領海侵入となった。「海警31239」は、中国海軍ジャンウェイⅠ級（053H2G型）フリゲート「安慶（Anqing）」を改装し、中国海警局に移籍されたもので、110mm砲やミサイル発射装置を撤去して37mm砲を4基装備している。また、ゴールドスティン准教授によれば、新型の「海警46301」は、中国海軍ジャンカイⅠ級（054型）フリゲートの中国海警局仕様と分析し、中国は、第2次世界大戦中、米海軍沿岸警備隊艦船がドイツのUボートを撃沈した教訓を学習し、中国海警局船舶は、比較的短期間で、軍艦に改装できるようになっていると興味深い指摘をしている[17]。

第3節　中国海警局の武装化

中国海上法執行機関の中国海警局への整理統合は、まさに進行中であるが、なかでも劇的な変化を及ぼし、今後中心的な役割を果たすとマーチンソン助教授が注目しているのが、中国海警である。

中国海警は、1951年に主として国境警備にあたる人民武装警察の一部である公安辺防部隊の水陸両用部隊として編成された。人員10,000人以上数百の船舶を有しているが、なかでも、外洋行動が可能と思われる30mm砲を装備した600トン級の618B型巡視船は20隻程度しか保有していなかった[18]。

しかしながら、2013年7月の中国海警局発足後、2014年5月、西沙（パ

---

16)　Ryan D. Martinson, "East Asian Security in the Age of the Chinese Mega-Cutter," Center for International Maritime Security, July 3, 2015.

17)　Lyle J. Goldstein, "China's New Coast Guard Vessels Are Designed for Rapid Conversion into Navy Frigates," *The National Interest*, October 29, 2016, http://nationalinterest.org/blog/the-buzz/chinas-new-coast-guard-vessels-are-designed-rapid-conversion-18221/.

18)　竹田「新発足　中国海警局とは何か」99-100頁。

ラセル）諸島トリトン島南方において中国海警局船舶が石油掘削装置「海洋石油 981」を防護した際に、中国海警が主導的役割を果たしたことを教訓として、中国海警が強化される方針となった[19]。中国海警強化の主な特徴については、次のとおり整理できる。

第 1 は、漁政と海関の多くの船舶が中国海警となったこと。漁政からは、「海警 21115」「海警 37115」「海警 33115」「海警 35115」「海警 46305」、海関からは、「海警 33103」「海警 44104」「海警 46104」といった主として 1500 トン級の船舶が中国海警となっている。

第 2 は、中国海軍から中国海警に移籍していること。2015 年 7 月、中国海軍ジャンウェイⅠ級（053H2G 型）フリゲート 3 隻「安慶（Anqing）」「淮南（Huainan）」「淮北（Huaibei）」が中国海警に移籍し、それぞれ「海警 31239」「海警 31240」「海警 31241」として再就役している。いずれも 2000 トン級で、100mm 砲やミサイル発射装置等の重武装を降ろし、37mm 砲 4 基を装備している。このことは、再度、容易に重武装できることを意味している。

第 3 は、中国海警の船舶として新造されていること。2016 年 6 月には、2700 トン級の 718 型、4000 トン級の 818 型（「海警 46301」「海警 46302」）が建造された。特に、818 型は、76mm 砲を搭載し、ステルスを意識した船体上部構造は、中国海軍ジャンカイⅡ級（054A 型）フリゲートに酷似し、2017 年初めに海南島に配備されている[20]。

第 4 は、中国海警の人員が、東シナ海や南シナ海で行動する中国海警局船舶に乗船し、軍事的な作戦に関与するようになってきていること[21]。

このように、中国海警局は中国海警を中心として、明らかに海軍並みの武装化が進んでいる。中国が進める南シナ海における 7 つの人工島における軍事拠点化と相まって、中国海警局は、海上の最前線部隊の武装化によって、

19） Ryan D. Martinson, "The Arming of China's Maritime Frontier," *China Maritime Report*, No. 2, June 2017, p. 15, 24.

20） Ibid., pp. 16-17.

21） Ibid., p. 11.

52　第 4 章　中国海警局の特徴と日本の対応

着実にその能力を向上させており、今後より積極的な活動を推進していくことが容易に予想される。

第 4 節　日本の対応

　2008 年 12 月 8 日、尖閣諸島周辺海域の日本領海内に、国家海洋局の海監総隊の「海監 46」と「海監 51」の 2 隻が初めて侵入した。この 2 隻の中国公船は、海上保安庁巡視船の退去警告を無視しながら、約 9 時間にわたって停留、徘徊した。そして、2012 年 9 月 11 日の日本政府による尖閣諸島国有化以降、中国公船による尖閣諸島周辺海域の日本領海内への侵入が繰り返されている。2016 年 8 月には、尖閣諸島周辺海域に 200 隻を超える中国漁船が押し寄せたが、その中国漁船は 20 数隻の中国公船によって防護され、その内 9 隻が、中国海警の船舶であった[22]。

　このように、尖閣諸島周辺の海は、中国公船、中国漁船、そして、武装化した中国海警によって、かき混ぜられているのである。2012 年 4 月に、南シナ海のスカボロー礁において中国とフィリピンが対峙した際、中国海警と海上民兵の協力も確認されていることから[23]、尖閣諸島周辺海域に展開する中国漁船のなかに、海上民兵が含まれている可能性も十分に考えられる。そして、その中国海警は、2015 年 3 月に、島嶼上陸作戦を訓練するための訓練センターも開設しており[24]、作戦能力は確実に向上していると予測される。

　このような厳しい状況下にあって、現在の日本の対応については、2016 年 12 月 21 日、「海上保安体制強化に関する方針について」[25] が閣議決定され、尖閣領海警備体制の強化や海洋監視体制の強化が盛り込まれた。主要装備については、中国公船の大型化・武装化等を踏まえ、これまで進めてきた

---

22)　Ibid., pp. 12-13.

23)　Ibid., p. 15.

24)　藍志文「全国海警首座渡海登島訓練場在厦門落成」中国警察網、2015 年 3 月 11 日、http://bf.cpd.com.cn/n26357304/c27947047/content_2.html.

25)　閣議決定「海上保安体制強化に関する方針について」2016 年 12 月 21 日。

尖閣領海警備専従体制や尖閣漁船対応体制の整備等により、2016年末において、455隻の船艇と74機の航空機を保有し、1000トン級以上の大型巡視船は62隻となる。さらに、海上保安庁は、多発する中国公船の領海侵入対策や、海難救助などで現場の状況を的確に把握するため、2017年度から人工衛星を使った監視システムを導入する方針を決めている[26]。

　今後、中国海警局の整理統合が進み、とりわけ中国海警の武装化が一層進むなかにあって、常に体制の見直しをする必要がある。そのためには、中国海警局の問題点に係る分析が欠かせなく、マーチンソン助教授の研究成果を参考にすれば、中国海警局の問題点は、次のように整理することができる。

　第1は、相互運用性に乏しいこと。4つの龍が1つに整理統合され、組織的に統合が進んでいるところはあるものの、依然旧体制が残っており、統合のペースは計画より遅れている[27]。

　第2は、任務及び権限が重複していること。海洋管理面では、国土資源部の管理を受ける一方で、海上法執行活動は、公安部の業務指導を受けるなど、業務処理上、ストーブパイプ的で官僚的な側面が残っている[28]。

　第3は、航空能力が乏しいこと。特に高性能な長距離監視能力が欠落しているが、中国はこの弱点を認識し、対策をとりつつある[29]。それが取りも直さず、南シナ海における人工島の軍事拠点化につながっている。

　これらを踏まえれば、現在行われている日本の海上保安体制強化にあっては、少なくとも与えられた部隊能力の最適化、最大化を図ることが必要である。そのためには、まず海上保安庁のみにとどまらず、防衛省・自衛隊や警察、水産庁、NGOを含んだ海洋関連部隊・機関との情報共有と連携強化を深化させ、加速させる必要がある。

---

26)　「海保　衛星で領海監視」『読売新聞』2017年8月29日。

27)　Martinson, "The Arming of China's Maritime Frontier," p. 9.

28)　Martinson, "From Words to Actions," p. 29.

29)　Ryan D. Martinson and Takuya Shimodaira, "Curing China's Elephantiasis of the Fleet," *China Brief*, Vol. 15, Issue 10, May 15, 2015.

おわりに

2012年7月、長崎県五島列島の玉之浦に、100トンから500トンの中国漁船106隻が台風避難の名目で侵入した。2014年10月には、小笠原諸島周辺海域に、113隻にも上る中国漁船が姿を現し、宝石サンゴの密漁を行なった。このように、様々な目的や名目をもって、中国漁船は、日本の様々な場所に展開することができるのである。

米海軍情報局レポートによれば、中国は、黄海、東シナ海、南シナ海の海洋をめぐる潜在的な対立におけるエスカレーションをコントロールするために、中国海軍を後方に備えつつ、中国海警局を第一義的に使うと分析している[30]。また、ランド研究所（RAND Cooperation）のモリス（Lyle J. Morris）政策アナリストは、アジア太平洋地域は、沿岸警備隊の時代になるとし[31]、中国海警局が領土防衛の「第一線（first-line defenders）」に立ち、海軍、沿岸警備隊（中国海警局）、民間船、そして軍、民、政府の境界もあいまいになってきていると分析している[32]。

これからの海を平和に維持していくためには、海上法執行機関の役割がますます重要となるばかりでなく、民軍協力を一層深めることによって、持てる能力の最適化と最大化を図ることが必要である。重要なことは、必要なときに、必要な場所で、持てるものをどのように最適化してその能力を最大発揮するかにあり、そのためには、あらゆる知力を結集することが求められている。

---

30) Office of Naval Intelligence, *The PLA Navy: New Capabilities and Missions for the 21ˢᵗ Century*, April 2015, p. 46.

31) Lyle J. Morris, "The Era of Coast Guards in the Asia Pacific is Upon Us," *Asia Maritime Transparency Initiative*, March 8, 2017, https://amti.csis.org/era-coast-guards-asia-pacific-upon-us/.

32) Lyle J. Morris, "Blunt Defenders of Sovereignty: The Rise of Coast Guards in East and Southeast Asia," *Naval War College Review*, Vol. 70, No. 2, Spring 2017, pp. 75-76.

第5章　中国海上民兵の実態と日本の対応
——海南省の実例を中心に——

はじめに

　2016年8月5日、尖閣諸島周辺海域に300隻にも及ぶ中国漁船が押し寄せた。初めて尖閣周辺海域において、中国公船が中国漁船に引き続き領海侵入し、その数は4日間で延べ28隻にも上った[1]。中国漁船の中に、海上民兵がいたかどうかは不明である。しかしながら、中国公船と中国漁船に連携があったことは間違いなく、今後、中国漁船の動きに一層注視していく必要がある。

　なぜならば、主として中国漁船に乗って活動する中国の海上民兵は、近年特に南シナ海において急速にその活動を活発化しているからである。2015年5月に発表された中国の『国防白書』に、「海上軍事闘争への準備」が初めて明記された[2]。中国が一体どのような準備を進めているのか。それを明らかにするためには、平時における海上の動きを把握する努力が欠かせないが、顕著なアクターの一つが海上民兵である。

　海上民兵に関する研究の第一人者は、米海軍大学中国海事研究所（China Maritime Studies Institute: CMSI）のエリクソン（Andrew S. Erickson）教授とケネディ（Conor M. Kennedy）研究助手である。彼らは、膨大な中国語文献を読み解いて、中国の海上民兵の実態について研究しているが、特に近年中国による軍事拠点化が進行している南シナ海への玄関口に位置する海南省にお

1）　海上保安庁「平成28年8月上旬の中国公船及び中国漁船の活動状況について」平成28年10月18日、http://www.kaiho.mlit.go.jp/info/1608-senkaku.pdf。日中平和友好条約の交渉中の1978年4月にも、機銃を装備した中国漁船100隻以上が、尖閣周辺海域に押し寄せ、領海侵入する事件があった。
2）　中華人民共和国国務院新聞弁公室『中国的軍事戦略』2015年5月。

56　第 5 章　中国海上民兵の実態と日本の対応

ける海上民兵に注目している[3]。

　本章は、まず、中国の海上民兵の勢力、指揮関係、任務等、その位置づけについて整理し、次にこれまでの海上民兵の特徴的な活動を踏まえた上で、海南省における海上民兵に対する分析を加え、日本の今後の対応について考察するものである。

第 1 節　海上民兵の位置づけ

　中国人民解放軍の総兵力は約 230 万人、日本の自衛隊の 10 倍ほどもある。中国の軍事力は、人民解放軍のほかに、人民武装警察部隊と民兵から構成されており、民兵は 600 万人と言われている[4]。2002 年 12 月の中国の『国防白書』によれば、民兵は人民解放軍の予備軍、人民戦争を行う基礎であり、民兵の活動は国務院、中央軍事委員会の指導の下で、総参謀部（軍改革以降は、国防動員部）が主管するとし、その任務は、「軍事機関の指揮の下で、戦時は常備軍との合同作戦、独自作戦、常備軍の作戦に対する後方勤務保障提供および兵員補充などの任務を担い、平時は戦備勤務、災害救助、社会秩序維持などの任務を担当する。」[5]とされている。

　民兵の位置づけについては、「軍警民統合防衛（軍警民联防）」の重要な要素とされており、2006 年、2010 年、2013 年の『国防白書』にも規定されている。「軍警民統合防衛」の概念は、毛沢東の人民戦争論を平時に適応したものであり、第 1 線が民兵、第 2 線が法執行機関、そして第 3 線が軍とされている[6]。

3）　エリクソン教授らは、これまでの海上民兵に関する研究を踏まえ、「人民武装海上民兵（People's Armed Forces Maritime Militia: PAFMM）」と呼称している。

4）　防衛省『平成 28 年度版防衛白書』2017 年。600 万人余りが総合的な治安維持活動に参加しており、毎年 20 万人近くが、陸と海の国境パトロールに従事しているという発表もあり、定かではない（『人民網日本語版』2011 年 12 月 18 日）。

5）　中華人民共和国国務院新聞弁公室『2002 年中国的国防』2002 年 12 月。

6）　Conor M. Kennedy and Andrew S. Erickson, "Riding a New Wave of Professionalization and Militarization: Sansha City's Maritime Militia," Center for International Maritime Security, September 1, 2016.

第1節　海上民兵の位置づけ　*57*

　中国は、5つの戦区に分かれており、戦区には、いくつかの省が含まれている。さらに省は、県や市にわかれているが、県レベルには人民武装部（People's Armed Forces Department: PAFD）がある。中国の海上民兵は、軍事組織に組み込まれており、人民武装部を経由して人民解放軍の直接指揮を受けている。人民武装部は、海上民兵の採用（動員）、計画、組織、訓練、政策の実施（命令）を担い、現役の人民解放軍軍人が配員されている[7]。

　海上民兵の勢力については、米海軍分析センター（Center for Naval Analyses: CNA）によれば、75万人14万隻とされている[8]。トンキン湾を挟んで海南省の北に位置する広西チワン族自治区の北海（Beihai）市では、2013年、陸上民兵は1万人であるが、海上民兵は200人しかいなく、海上民兵の整備が遅れていることが指摘され[9]、海上民兵の組織化が急速に図られている。

　海上民兵の任務については、東シナ海や南シナ海において中国の権利を主張するための活動や情報収集、建築資材の運搬等、幅広い任務を果たすようになってきている。また、中国海軍艦艇への燃料や弾薬等の補給、オイル・リグの防護、機雷や対空ミサイルを使ったゲリラ戦の訓練等も実施されている[10]。2014年8月のトンキン湾で行われた中国海軍、海警局（沿岸警備隊）、海上民兵の合同訓練においては、オイル・リグを防護するために、漁船に偵察、通信傍受の任務が付与されている[11]。

---

7 ）　Andrew S. Erickson, "Hainan's Maritime Militia: China Builds a Standing Vanguard, PT. 1," Center for International Maritime Security, March 25, 2017.

8 ）　Michael McDevitt, "Becoming a Great "Maritime Power": A Chinese Dream," *Center for Naval Analyses*, June, 2016, p. 63.

9 ）　「扩建海上民兵队伍：联合作战，民兵不缺席」『中国国防報』2016年1月25日、「新形势下海上民兵建设要冲破哪些思想藩篱？」『中国国防報』2016年4月20日。

10）　Conor M. Kennedy and Andrew S. Erickson, "Hainan's Maritime Militia: Development Challenges and Opportunities, PT. 2," Center for International Maritime Security, April 10, 2017.

11）　Andrew S. Erickson and Conor M. Kennedy, "Meet the Chinese Maritime Militia Waging a 'People's War at Sea'," *The Wall Street Journal*, March 31, 2015.

第2節　海上民兵の特徴的な活動

中国の海上民兵は、これまで数々の紛争において尖兵の役割を任じてきている。1974年1月の西沙（パラセル）諸島の戦いは、中国が南ベトナムの軍艦1隻を撃沈し、南ベトナムが支配していた西沙諸島南西部のクレセント諸島（Crescent Group、永楽環礁）を占領したが、海南省西部の白馬井鎮（Baimajing）港に所在する儋州民兵（Danzhou）が重要な役割を果たした[12]。特に、海上民兵がプレゼンスを示しつつ情報収集し、島嶼への上陸作戦にも参加するなど、軍民協力が際立った例と評価されている[13]。

2009年3月8日、米海軍音響測定艦インペッカブル（USNS Impeccable）が、海南島の南約120kmの南シナ海において5隻の中国船に包囲された。この5隻とは、中国海軍情報収集艦（AGI）と政府の漁業取締船、海洋パトロール船、2隻の中国国旗を掲げたトロール漁船であったが、このうち2隻が15メートル以内まで異常接近して退去要求し、さらに木材を投げ込み、インペッカブルのえい航式ソーナーを引っ掛けようとした。そのトロール漁船の1隻が、海南省の三亜福港漁業水産会社所属のF8399である[14]。

三亜福港漁業水産会社の漁船は、南沙諸島方面約1111km（600マイル）まで行動できる能力を有している。その中心的な船が、F8168という3000トンの母船であり、漁船群の指揮及び補給に当たっている。2012年7月には、母船F8168が、総勢316人トロール漁船29隻を率いて南沙諸島へ18日間3252km（1756マイル）行動し、最近では40日以上の行動も確認されている[15]。また、その中には、中国公船で妨害装置も装備している2500トンの

---

12)　Andrew S. Erickson and Conor M. Kennedy, "Irregular Forces at Sea: Not "Merely Fishermen"‐Shedding Light on China's Maritime Militia," Center for International Maritime Security, November 2, 2015.

13)　Toshi Yoshihara, "The 1974 Paracels Sea Battle," *Naval War College Review*, Vol. 69, No. 2, Spring 2016, pp. 56-57.

14)　「中国艦船、米海軍調査船に妨害行為　南シナ海の公海上」AFP BB News, 2009年3月10日。

15)　Andrew S. Erickson and Conor M. Kennedy, "China's Daring Vanguard: Introducing Sanya City's Maritime Militia," Center for International Maritime Security, November 5,

YZ310（漁政310）も随伴させており、南シナ海の南端であるジェームス（James Shoal）礁から尖閣諸島まで行動していることは見逃せない[16]。

2012年4月のスカボロー礁（Scarborough Shoal、黄岩島、民主礁）事件も、軍民協力の成功例として有名である。フィリピン軍がスカボロー礁に停泊していた中国漁船を拿捕したことにより、中国公船がフィリピン軍の進行を妨げこれを撤退させたが、その後、海南省南東部に所在する瓊海市の潭門民兵（Tanmen）が、フィリピン漁船が近づかないよう同礁を包囲した。これは、「スカボロー礁（黄岩）モデル」と言われ、2013年4月8日、習近平主席が自ら潭門民兵を激励した際、潭門村を模範村として表彰している[17]。

エリクソン教授は、海上民兵の最近の特徴を、次のとおりまとめている。

第1に、中国の主張を強硬に推し進めるため、単一ではなく、中国海軍、海警局、海上民兵の3つが協同する。

第2に、中国は、世界第2の海軍、世界第1の沿岸警備隊、そして世界第1の海上民兵を有しており、海上民兵は非正規戦の最前線に立つ。

第3に、海上民兵は、平時に相手に圧力をかける上で非常に有効である。

このように、中国の海上民兵は、平時に、中国海軍と海警局とともに協力しながら中国の権利を守る重要な存在として、ますます活躍の場を広めているのである。

第3節　海南省の海上民兵

海南省における海上民兵の整備が活発である。海南省は、2013年、海南島各地に海上民兵を建設するため、約400万ドル（2800万元）の特別予算を組んだ。また、海南省の軍事支出も、2015年の約945万ドル（6500万元）

2015.

[16]　Ryan Martinson, "The Lives of a Chinese Gunboat," *Proceedings*, Vol. 142/6/1, 360, June 2016, pp. 34-39.

[17]　Andrew S. Erickson, "The South China Sea's Third Force: Understanding and countering China's Maritime Militia," *Testimony before the House Armed Service Committee Seapower and Projection Force Subcommittee*, September 21, 2016, pp. 4-5.

から 2016 年の約 1760 万ドル（1.2 億元）に、88.7％急増している[18]。海南省には、図1に示すように、31 以上の海上民兵があると言われているが、中国を代表する主要な海上民兵として、儋州民兵（Danzhou）、潭門民兵（Tanmen）、三亜民兵（Sanya）、三沙民兵（Sansha）の4つがある。その他注目すべき海上民兵としては、陵水県（Lingshui County）、澄邁（Chengmai County）、昌江リー自治県（Changjiang Li Autonomous County）、万寧市（Wanning City）、東方市（Dongfang City）があり、万寧民兵と東方民兵は、中国海洋石油総公司の石油掘削装置「海洋石油 981」の掘削作業を防護する任務に、三亜民兵と潭門民兵とともに参加している[19]。

図1　海南省における海上民兵の主な所在地

（出所）　Conor M. Kennedy and Andrew S. Erickson, "Hainan's Maritime Militia: All Hands on Deck for Sovereignty PT. 3," Center for International Maritime Security, April 26, 2017. に基づき筆者作成

　海上民兵の戦術単位は、分隊（分队：fendui）または中隊（连：company）であり、10 隻 120 人であるが、様々な任務に対応するために暫定的に編成

---

18) Kennedy and Erickson, "Hainan's Maritime Militia: Development Challenges and Opportunities, PT. 2."
19) Conor M. Kennedy and Andrew S. Erickson, "Hainan's Maritime Militia: All Hands on Deck for Sovereignty PT. 3," Center for International Maritime Security, April 26, 2017.

されることもあり、70 人から 300 人の場合もある。海南省全体では、310 隻
3720 人程度と言われている。中国版 GPS（全地球測位システム）の北斗衛星
測位システムは中国漁船の 5 万隻以上に搭載されていると言われているが、
海南省の漁船は同システム設置のために 10％程度の負担で済み、残りは政
府が支払っている。また、領有権を争う海域における操業も奨励され、政府
による燃料補助もなされている[20]。

　三沙民兵は、中国最南端の三沙市に拠点をおく最新の民兵組織であり、潭
門民兵を模範として、2013 年に作られた。その戦略的位置から、将来の南
沙諸島問題において重要な役割を担うことが予想されている。海上における
権益を保護するため、主権の主張、偵察、法執行機関との協力、救助、軍事
作戦の支援の 5 つの任務が付与されている。また、退役直後の軍人を雇い、
訓練の標準化と強化を図るなど専門性を高めているとともに、任務に応じて
小型武器を迅速に準備し、新基地を建設し、非商業的目的のための配備や、
弾薬庫、船体補強、放水砲を有した新型船の導入等、急速な軍事化が進んで
いる[21]。

　三沙市は、西沙、中沙、南沙諸島を管轄しており、西沙（パラセル）諸島
最大の永興島（Woody Island）は、後方や補給施設を備えた同地域の拠点と
なっている。人民解放軍に対して格別な支援をしているとして「国家二重支
援モデル市（全国双拥模范城）」として、2016 年 7 月に表彰されている。

　三沙市が制定された 2012 年 7 月当初、海上民兵も 2 つの中隊と比較的小
さな規模であったが、現在では 6 つとなり、100 隻以上の漁船を有し 1800
人以上が従事している。2015 年 2 月からは、三沙市漁業発展会社（三沙市漁
业发展有限公司）がこれらの組織を運営している。乗組員には給与も支給さ
れ、海南省の漁民の平均給与が年 1,961 ドル（13,081 元）のところ、十倍近
くの年 13,494 ドル（90,000 元）、船長に対しては、年 25,489 ドル（170,000

---

20)　"Satellites and seafood: China keeps fishing fleet connected in disputed waters,"
　　　Reuters, July 27, 2014.

21)　Kennedy and Erickson, "Riding a New Wave of Professionalization and Militarization:
　　　Sansha City's Maritime Militia."

元）も支払われている。

　海南省の海上民兵は、新たな港ができるまで、海南省の様々な漁港に係留している。三亜市の崖州（Yazhou）では、2016年8月、三亜崖州漁港（三亜崖州中心漁港）が開港し、図2にように、三沙民兵のために広大な係留場所を提供しており、その係留船を見ると、船体が補強され、放水砲が整備された最新の漁船であることがわかる[22]。海南省の南部に位置する三亜（Sanya）市は、同省最大の漁業経済拠点であり、2001年に三亜福港漁業水産会社（三亚福港渔业水产实业有限公司）が運営する三亜民兵が作られ、米海軍等による「航行の自由」作戦に対応するために使われると予想されている。

　そして、海南省以外にも、広東省や浙江省が、経済的かつ技術的な発展をみせていることから、重要な社会経済基地として、より技術的に洗練された海上民兵が編成されることも予想されている。

図2　海南省三亜崖州漁港

（出所）　Conor M. Kennedy and Andrew S. Erickson, "Riding a New Wave of Professionalization and Militarization: Sansha City's Maritime Militia," Center for International Maritime Security, September 1, 2016.

---

22)　「三亚渔船有"新家"」『海南日報』2016年6月19日。

第4節　日本の対応

　中国の海上民兵は、今後、整備が進み、平時における活動がますます活発化するであろう。また、中国海軍や海警局との連携により、米国等による「航行の自由」作戦に挑戦するなど、より高圧的な行動に出ることも考えられ、一層無視できないアクターとなってきている。

　米太平洋軍司令官のハリス（Harry Harris）大将（当時）は、中国による南シナ海の軍事拠点化を警戒し、「中国海軍、海警局、海上民兵による南シナ海におけるプレゼンスはかなりのものである。」[23]と評価している。また、米太平洋艦隊司令官のスイフト（Scott Swift）大将（当時）も、「中国の海上民兵への関心は高まるばかりである。中国は、海上民兵を必要としており、実際にそこにある。」[24]と、海上民兵のプレゼンスを強調している。

　南シナ海における安全保障状況は一層厳しくなっているが、平時有事を問わず、中国にとって最も重要なアクターで、極めて有効なツールが、海上民兵なのである。中国海軍専門家の李傑（Li Jie）が、「漁民は海軍に対して、平時に最新の情報を提供し、戦時に水や食糧等を補給する後方の任務につく最適の兵力である。」[25]と評するように、海上民兵は、あらゆる事態に対応できる最適兵力なのである。

　エリクソン教授らによれば、中国の海警局と海上民兵を、隣国を脅し、東シナ海及び南シナ海における開かれた安定性に脅威を与えている「悪い警察（bad cops）」と評している。そして、中国海軍が、海上衝突回避規範（Code for Unplanned Encounter at Sea: CUES）に係わるようになったように、海警局と海上民兵もCUESに従うようにすべきであり、グレーゾーンや有事に備

---

23)　Statement of Admiral Harry Harris Jr., U.S. Navy Commander, U.S. Pacific Command Before the House Armed Services Committee on U.S. Pacific Command Posture, April 26, 2017, p.9.

24)　Christopher P. Cavas, "China's Maritime Militia a Growing Concern," *Defense News*, November 21, 2016.

25)　Andrew S. Erickson and Conor M. Kennedy, "Countering China's Third Sea Force: Unmask Maritime Militia before They're Used Again," *The National Interest*, July 5, 2016.

えるため、米国は、中国の海上民兵に、平時から挑み、公の関心を喚起し、隣国と情報交換すべきと主張している[26]。

さらに、エリクソン教授は、中国によるグレーゾーンにおける潜在的な挑戦に伴う危機を回避するため、米国の政策決定者に、次の3つを提言している。第1に、中国の海上民兵の存在を明らかにすること。第2に、関係国と情報を共有すること。第3に、米国艦船の警告を無視し妨害する船舶は、軍の統制下にあるものとして扱うと中国に明確に伝えること[27]。

これらのことを考慮するならば、日本がまずしなければならないことは、次の3点である。第1に、今、そこにある尖兵としての中国の海上民兵の存在を認識すること。第2に、中国の海上民兵の存在を広く国際社会に明らかにすること。そして第3に、多国間で情報共有し、協力して中国の海上民兵の行動に対応することである。

おわりに

「一帯一路」構想に象徴されるように、中国の国際社会における影響力は、確実な拡大を見せている。インド太平洋地域に位置する日本は、同地域と国際社会の平和と安定のため、「自由で開かれた海」を確保することを宣言した[28]。東シナ海や南シナ海は、周辺海域の天然資源のみならず、重要な海上交通路でもある。そこでは、まず、「海」を守るための協力関係を進展させることが必要である。

「海」に係るアクターは、漁船、貨物船、海軍、沿岸警備船、海賊等、様々である。「自由で開かれた海」を維持するためには、国際的なルールに従うこととともに、「良い警察」の協力が欠かせない。

日本には、海上自衛隊、海上保安庁が存在するが、中国の海上民兵に相当

---

26) Ibid.
27) Andrew S. Erickson, "Passing a Chinese Maritime 'Trump Test'," *The National Interest*, December 15, 2016.
28) 安倍晋三日本国総理大臣基調講演「TICAD IV 開会に当たって」2016 年 8 月 27 日。

おわりに　*65*

する組織は存在しない。しかしながら、日本には非常に多くの漁船が存在し、実際に日々活動しているのである。守るべきは、「自由で開かれた海」であり、そこで活動している漁船や貨物船と言った船である。守るべき船に脅威を与える者は、どのような手段を用いてやってくるのか。国際社会と日本のあらゆる力を結集して、海の上で何が起こっているのかを見続ける努力が欠かせない。

第III部
日本のシーパワー

第6章　東日本大震災初動における実績と課題
——海上自衛隊と米海軍の活動現場から——

はじめに

　2011年3月11日、東北地方三陸沖を震源とするマグニチュード9.0の巨大地震は、宮城県で震度7を記録する等、国内観測史上最大のもので、その直後を襲った10mを超える巨大津波とともに、未曾有の大災害をもたらし、1万5千人を超す多くの尊い命を奪った。これに際し、防衛省・自衛隊は初めて統合任務部隊（Joint Task Force: JTF）を編成し、7月1日の解組まで、人命救助、ご遺体収容、医療支援、給食支援、給水支援、入浴支援、瓦礫の除去等復興に向けた活動を実施した。

　このような大規模災害においては、いかに早期に人命を救助するかが最も重要なことである。発災当初、特に発災からの3日間は、それ以降は行方不明者の生存率が急激に下がる人命救助の点から極めて重要な時期である。次に、時間の経過とともに変化する被災者のニーズに合わせた救援物資の輸送等人道支援／災害救援活動が必要である。その際、自衛隊のみならず、関係省庁、各地方公共団体等との協力関係の良否が大きく影響することは論を俟たない。

　危機管理の泰斗である佐々淳行も指摘するように、そもそも、どこの国でも軍隊は、「その自己完結性、陸海空の機動展開能力、訓練及び経験、装備資器材の保有などの理由から災害対策の主力である。」[1]。つまり、今回のような地震と津波、さらには原子力といった複合災害により、混乱のなか孤立地域が生起することを踏まえれば、海軍力による海上からの人道支援／災害

1）『朝日新聞』1995年2月9日。

70 第6章 東日本大震災初動における実績と課題

救援活動の有効性は極めて高い。

　筆者は、現場海域において日米調整を任された海上自衛隊第1護衛隊群司令部の作戦主任幕僚／首席幕僚として、発災以降、「トモダチ作戦」の大半を、護衛艦「ひゅうが」において米海軍と共同した人道支援／災害救援活動に当たった。本章では、その現場での経験を基に、東日本大震災に際しての海上自衛隊の主な活動と米海軍が中心となって実施した「トモダチ」作戦を概括した上で[2)]、震災初動における教訓を整理し、併せて今後の課題について検討を加えることとする。

第1節　海上自衛隊の主な活動

　2011年3月11日14時46分の地震発生直後、14時50分、防衛省・自衛隊は直ちに災害対策本部を設置した。また、岩手県知事等による災害派遣要請に基づき、自衛艦隊司令官は出動可能全艦艇に出港命令を下すとともに、航空機による状況偵察が開始された。そして、18時00分に大規模震災派遣命令、19時30分には原子力災害派遣命令が出された。

　発災当日は、八戸基地体育館に被災者約770人等を収容したほか、大湊地方隊が青森県六ケ所村、風間浦、三沢市、むつ市に対して毛布3,000枚と缶詰1,000個等を輸送した。

　翌3月12日早朝、艦艇部隊が宮城県沖の現場海域に到着するや、本格的な捜索救助活動が開始された。護衛艦「はるさめ」搭載ヘリコプターが、陸前高田孤立住民3人を救助、気仙沼で13人を救助した他、護衛艦「たかなみ」が石巻港付近で孤立していた「みづほ第2幼稚園」の園児、職員27人を救助した。また、岩国基地の111空MCH-101ヘリコプターによる陸前高田病院から花巻空港までの人員輸送や護衛艦「きりしま」搭載ヘリコプターによる鹿妻小学校への救援物資等の輸送も行われた。八戸基地からはUH-60J救難ヘリコプターが、青森県八戸港内で避泊中の地球深部探査船「ちき

---

2)　以後、海上自衛隊及び米海軍等に係る事象の事実関係については、防衛省及び第7艦隊ホームページ等から引用した。

第1節　海上自衛隊の主な活動　　**71**

ゅう」から小学生ら 80 人を救出し、八戸基地まで移送した。この小学生ら
は、前日に「ちきゅう」内部を見学している最中に地震に遭い、津波の影響
を避けるため接岸を見合わせ、船内で一夜を過ごしていた。

　3 月 13 日には、館山基地から 73 空 UH-60J 救難ヘリコプターが、被災者
11 人を大槌から県立釜石病院へ搬送、補給艦「ときわ」から MH-53E ヘリ
コプターにより宮城県長沼市に非常糧食 3,000 食を輸送、護衛艦「ひゅう
が」「たかなみ」「おおなみ」「はるさめ」搭載ヘリコプターによる被災者を
石巻赤十字病院等への搬送が行われた。

　3 月 14 日 11 時 00 分、陸上自衛隊東北方面総監を指揮官とする初の統合
任務部隊が編成され、自衛隊は 10 万人態勢を維持しながら、かつてない大
規模な捜索救助や救援物資の輸送等の活動に当たった。14 日は、護衛艦
「おおなみ」内火艇による塩釜への糧食輸送、補給艦「ときわ」から女川総
合運動公園への非常糧食等の輸送、護衛艦「はるさめ」搭載ヘリコプターに
よる被災者の石巻赤十字病院への搬送が行われた。

　3 月 16 日には、初めて予備自衛官、即応予備自衛官の招集命令が出され、
給水や食事の提供等被災者への生活支援の他、海外からの救援部隊との通訳
等に就いた。

　海上自衛隊からの派遣部隊は、発災当初、艦艇約 60 隻、航空機 20 機以
上、人員約 1,600 人を速やかに派遣、捜索救助活動による救助者約 900 人、
ご遺体収容数約 420 体、漂流船舶の発見・通報約 200 隻。生活支援実績とし
て、航空機等による物資輸送の回数は約 1,100 回（水約 405,000 リットル、糧
食約 235,000 食）、診療及び健康診断の実績累計約 2,800 人等にも及んだ[3]。

　元海上幕僚長の赤星慶治は、「自衛隊の素早い初動対処は、まさに不測事
態を様々な角度から想定した計画を作成し、実際的な訓練を積み重ねて来た
賜物」[4] と高い評価を下している。

3）「海上自衛隊　東日本大震災　災害派遣活動状況」防衛省、www.mod.go.jp/msdf/
　　formal/operation/earthquake.html.
4）　赤星慶治「東日本大震災—自衛隊の災害派遣に思う—」『日本戦略研究フォーラム季
　　報』Vol. 49、2011 年 7 月。

第2節 「トモダチ」作戦

　発災直後、松本外務大臣はジョン・ルース（John Roos）米国駐日大使に在日米軍による支援と国際開発庁（United States Agency for International Development: USAID）レスキューチーム派遣等を正式に要請した。発災当日夜、菅総理と電話会談を行ったオバマ（Barack Hussein Obama Ⅱ）米大統領は、犠牲者に対する深い哀悼の意とともに「日本に対して可能なあらゆる支援を行う用意がある。」[5]と表明した。外務省によると130ヶ国以上から緊急援助隊や緊急物資・義援金等の支援の申し出を受け、救援物資は被災地のニーズを踏まえ、毛布や飲料水、非常食、マットレス等が被災地に運ばれた。特に、中国、韓国は、今回初めて救助隊を派遣するとともに、豪州が、保有する4機の大型輸送機C-17のうち3機を日本に派遣したのは特徴的であった。

　その中でも、米国は最大規模の約2万人の兵員を動員した。「トモダチ作戦」（Operation TOMODACHI）と命名された人道支援／災害救援活動は、日米双方がお互いに最も重要な友邦であることを示すものである。

　米軍は規模だけではなく、その展開も極めて迅速であった。横須賀基地在泊艦艇のみならず、西太平洋やインドネシア沖において訓練に従事していた米艦艇も、速やかに救援準備に着手した。

　3月13日には、米空母「ロナルド・レーガン（USS Ronald Reagan, CVN76）」等艦艇8隻が宮城県沖の現場海域に集結し、海上自衛隊と共同しつつ、捜索救助活動と救援物資の輸送等を開始した。米空母「ロナルド・レーガン」の艦載ヘリコプターと海上自衛隊ヘリコプターが連係し、輸送艦「ときわ」が輸送してきた非常用糧食3万食を、宮城県気仙沼市の五右衛門ヶ原運動場等3か所に輸送した[6]。

5）「大統領記者会見」ホワイトハウス、www.whitehouse.gov/the-press-office/2011/03/11/news-conference-president.

6）「米空母、宮城県沖に到着　原発懸念か、ヘリ救助活動は中止」朝日新聞、www.asahi.com/special/10005/TKY201103130191.html。岩手県陸前高田市の孤立住民約600人の救助も予定されていたが、福島第1原発の影響を見極めるためか、中止となった。

また、佐世保に在泊中であった米ドック型揚陸艦「トーチュガ (USS Tortuga, LSD46)」も、発災 6 時間後には出港し、15 日の朝には、北海道・苫小牧西港に入港し、陸自 5 旅団（北海道帯広市）の隊員 273 人と車両 93 両を青森県の大湊基地まで輸送した[7]。国内で米艦艇が陸上自衛隊部隊の輸送支援を行ったのは初めてのことである。

　さらに、米強襲揚陸艦「エセックス (USS Essex, LHD2)」がその揚陸部隊の能力を最大限に発揮、知らしめたのは、震災発生以来孤立していた宮城県気仙沼市の大島における作戦である。「エセックス」揚陸部隊が到着するや否や、米第 31 海兵遠征部隊が、揚陸艇 LCU を使って上陸、住民とともに水や食糧等の救援物資を輸送した他、クレーン車や電力会社の工事車両も下し、島内の一部の電源を復旧させた[8]。4 月 1 日、「フィールド・デイ作戦 (Operation Field Day)」を開始し、米揚陸艦「エセックス」から揚陸艇 LCU によって、約 170 人の海軍将兵・海兵隊員とともに、ハンビー（ランドクルーザー）、ダンプ、給水車、給油車、400 ガロン真水タンク、浄水セット等を陸揚げ、これまで手つかずであった瓦礫の除去等を実施した[9]。3 日には、さらに 120 人を増強、おむつ、衣服、医薬品、食器、家庭用品、懐中電灯、水タンク等 20,000 ポンドの救援物資を大島に輸送した[10]。これらの誠意のこもった活動は、長期間孤立し、不安な生活を送っていた被災者から大いに感謝されている。

　救援物資の輸送の他、米海軍は、自衛隊、海上保安庁、警察、消防等と協力して、統合任務部隊が実施した岩手、宮城、福島各県の沿岸部等における行方不明者の集中捜索に参加した。第 1 回は、4 月 1 日から 3 日の 3 日間で計 79 人のご遺体を収容し、その際、米軍は人員約 7,000 人、艦艇約 15 隻、

7）「トーチュガ、陸自車両を搭載」米第 7 艦隊、www.c7f.navy.mil/news/2011/03-march/032. htm.

8）『朝日新聞』2011 年 3 月 27 日。

9）「31MEU、孤島・大島を援助」米第 7 艦隊、www.c7f.navy.mil/news/2011/04-april/004. htm.

10）「31MEU、大島援助を増強」米第 7 艦隊、www.c7f.navy.mil/news/2011/04-april/008. htm.

航空機約 20 機が参加している。第 2 回は、4 月 10 日、計 99 人のご遺体を収容しており、捜索には、米軍約 110 人を含む、人員約 22,000 人、艦艇約 50 隻、航空機約 90 機が参加した。そして、第 3 回は、4 月 25、26 日、米軍のヘリコプター 2 機と約 110 人が参加、全体としては前回を上回る約 24,800 人をもって、2 日間で計 94 人のご遺体を収容している[11]。

　自衛隊と米軍は、米国の救援物資の輸送等を連携して効率的に行うため、防衛省、在日米軍司令部（米軍横田基地）、陸上自衛隊東北方面総監部（仙台駐屯地）の 3 ヶ所に「日米共同調整所」を設置した。14 日から、日米の担当者らが出席して、港湾や米軍の大型輸送機の運用等について協議を開始した[12]。そして、3 月 24 日になって、在日米軍のスタッフを補強するため、米軍はパトリック・M・ウォルシュ（Adm. Patrick M. Walsh）米太平洋艦隊司令官（当時）を指揮官とした統合支援部隊 JSF519（Joint Support Force）が編成された[13]。これにより、より効率的な作戦を遂行するための態勢を整えられ、両国の協力関係は一層深まった。

　なお、米海軍の他にも、在日米軍による救援活動がなされている。震災当日、米軍は仙台空港等に着陸できなくなった民間航空機や各国救助チームを横田、三沢両飛行場に受け入れた。米空軍は、陸軍や海兵隊とともに被災した仙台空港の復旧作業にも従事し、民間航空の早期再開に大きく貢献した。3 月 16 日、仙台空港に米軍の C-130 輸送機 2 機が先遣隊として機材を輸送し、翌 17 日から重機を用いた大規模な復旧作業が開始され、17 日中には軍用機の離着陸が可能となり、4 月 11 日一部の旅客機が就航を再開した。また、政府は米軍に対し、山形空港の使用を許可した。緊急着陸を除く米軍の民間空港使用は初めてのことである。米陸軍は、4 月下旬から JR 仙石線の瓦礫除去作業に従事したが、この活動は魂を込めて鉄道の復旧を目指そうとの思いから「ソウル・トレイン作戦」と命名されている。

---

11) 『朝雲』2011 年 4 月 7 日、4 月 14 日、4 月 28 日。

12) 『共同通信』2011 年 3 月 20 日。

13) 2004 年のスマトラ沖地震の際にも編成され、米空母エイブラハム・リンカーン（USS Abraham Lincoln, CVN 72）をいち早く現地へ派遣した。

米軍は、「トモダチ作戦」を通じて、人員 20,000 人以上、艦艇約 20 隻、航空機約 160 機を投入（最大時）し、食糧品等約 280 トン並びに水約 770 万リットル、燃料約 4.5 万リットルを配布（貨物約 3,100 トンを輸送）した[14]。

北澤防衛大臣（当時）も、記者会見において、「米軍は『トモダチ作戦』の下で、大変な兵力を動員して成果をあげていただいております。特に、捜索救助や物資の輸送、それと仙台空港の復旧には大変ご尽力いただきましたし、また一方で、被災地の皆様方の心情に非常に訴えられたと思いますが、学校等の『クリーンアップ作戦』であるとか港湾の瓦礫撤去など、被災地を中心に非常に大きな活動をしていただいた。」[15] と述べ、発災後の初動における迅速かつ組織的で親身な対応を感謝するとともに、高い評価を下している。

第3節 初の原子力災害派遣

巨大地震と巨大津波による被害を受けた東京電力福島第 1、第 2 原子力発電所では、原子炉の冷却機能が失われる事態となり、政府は原子力緊急事態宣言を発令するとともに、同原発周辺住民に対して避難指示を出した。

このような状況を受け、北澤防衛大臣は自衛隊に原子力災害派遣命令を発出、中央即応集団（Central Readiness Force: CRF）を主力とする原子力災害派遣部隊約 500 人が放水作業を初め除染や避難支援等に従事した。

放射能の拡散を防ぐためには原子炉や使用済み核燃料を冷却させる必要があるため、自衛隊は警察や東京消防庁、東京電力等と共同で放水作業や炉心冷却装置等の電源復旧作業支援を行った。震災当日、CRF 所属の中央特殊武器防護隊と化学防護車は速やかに大宮駐屯地を出発し、福島第 1 原発付近に置かれた緊急事態応急対策拠点施設「オフサイトセンター」に向かった。

---

14) 「東日本大震災に係る米軍による支援（トモダチ作戦）」外務省、www.mofa.go.jp/mofaj/saigai/pdfs/operation_tomodachi.pdf.

15) 「防衛大臣記者会見　平成 23 年 4 月 5 日」防衛省、www.mod.go.jp/j/press/kisha/2011/04/05.html.

76 第6章 東日本大震災初動における実績と課題

現地では住民に対する除染や給水作業を実施した。

　3月17日には、空からの海水投下と地上からの放水作業も開始された。大型輸送ヘリ CH-47 ヘリコプター2機が、機体の下に海水を入れる野火消火器材を吊下し、仙台空港沖で 7.5t の海水を汲み上げた後、福島第1原発3号機に投下した。また、地上からは陸空自の消防車両5台が計約 30t を放水した。その後も東京消防庁等と連携を取りながら、放水作業は続けられた。さらに、福島県の双葉町老人福祉会館と厚生年金病院の要介護老人ら約 200 人を川俣町農村広場に空輸した他、原発周辺の住民に対する避難支援を行う等、自衛隊による懸命な原発対応が続いた。

　日本と同様に数多くの原子力発電所を有し、かつてスリーマイル島発電所事故を経験した米国は、今回の事故を深刻に受け止め、様々な支援を実施した。米本土から海兵隊放射能等対処専門部隊（Chemical Biological Incident Response Force: CBIRF）約 150 人が直ちに来日し、福島第1原発事故の対応に当たった。また、北朝鮮の核実験の際に放射能を測定した米空軍大気収集機 WC-135W「コンスタント・フェニックス」が派遣され、無人機 RQ-4「グローバルホーク」、U-2 偵察機、情報収集衛星等と組み合わせながら、福島第1原発事故による放射能飛散に関する情報収集に努めた。さらに、米軍は、防護服、消防車、ポンプ、大型放水ポンプ、ホウ素等の他、原子炉を冷却するため、米海軍給水用バージ水船2隻を提供している[16]。

第4節　大規模震災初動における教訓と課題

　東日本を襲った巨大地震と巨大津波は多くの爪痕を残した。道路の寸断や瓦礫により車両の通行が困難になったことなどから、水や食糧、毛布等の生活必需品の救援物資が届かない孤立地域が生起した。また、巨大津波による被害が甚大かつ広域であったため、一層の混乱を招き、状況を把握することが難しい事態も続いた。参議院調査室によると、東日本大震災の特徴につい

---

[16] 「東日本大震災における米軍の活動状況について」防衛省、www.mod.go.jp/rdb/kinchu/image11/kakuho/disaster/america_230422.pdf.

て、被災者の多さと被害の広域性、津波による壊滅的被害、財政力の弱さと自治体機能の低下、地震・津波・原発事故の複合災害、被災地内外に広がる影響と総括している[17]。

　しかしながら、震災初動において、現場海域において行動を共にしていた海上自衛隊と米海軍の作戦調整については、現場レベルで見てみると、全くといっていいほどストレスや不安感を感じることはなかった。米太平洋軍司令官のロバート・F・ウイラード大将（Adm. Robert F. Willard）も、共同ニュースのインタビューに応えて、「この人道支援／災害救援活動も通常の訓練の一部であり、日頃非常に複雑な環境下で訓練しているので、作戦のやり方においては非常にうまくいっている（"a good fit"）。今回、日頃と違うのは、地震と津波と原子力の３つが重なったことだ。しかし、現場レベルでは（unit-level）非常にうまくいっている。（中略）我々の強固でゆるぎない同盟は、より緊密に強くなる。」[18]と現場レベルでの日米共同作戦が円滑であったことを強調しているとおりである。

　今回の大規模震災初動における最大の教訓は、海軍力の有効性である。現場におけるニーズの変化から、次のように区分することが可能である。フェーズ１は、発災から約３日間で、行方不明者の「捜索救助」が主体となる。フェーズ２は、発災後３日目から約１週間で、救援物資の輸送がピークとなり、ライフラインの回復と「生活支援」に重点が移行する。フェーズ３は、発災後１週間目以降で復興支援努力へ移行し、２週目を過ぎた頃から本格的な「復興に向けた努力への支援」と進むこととなる。その発災直後、まず必要なことは、行方不明者の捜索救助に全力を傾注することである。そして、併せて被災地の状況を詳細に把握しながら、救援物資の輸送を促進していく必要がある。

　今回の支援の対象となった地域は、青森県から千葉県に至る500キロにも

---

17) 　中村いずみ「未曾有の広域災害がもたらした被害～東日本大震災発生から２か月～」
　　『立法と調査』No. 317、2011年６月、9-11頁。

18) 　「太平洋軍司令官、日本における災害救援活動に関し記者会見」米第７艦隊、www.
　　c7f.navy.mil/news/2011/03-march/042.htm.

及ぶ広大な海岸線であり、いくつかの町を丸ごと壊滅するなど、被害の程度も必要とされる支援内容も様々である。また、予想を超える津波によって、町には壊れた家屋が積み重なり、車両は通れず、片づけるにも人員も足りず重機もない。ヘドロとご遺体が折り重なり、想像を絶する混乱状態となっている。沿岸部には大量に浮遊する瓦礫等が接岸を拒む状況である。

そのような状況下、特に津波が大きかった沿岸部や半島の先端部、離島等、陸上からのアクセスが困難な孤立した場所に対しては、ヘリコプター等を活用した海からのアクセスが極めて有効であった。トーマス・B・ファーゴ（Thomas B. Fargo）元米太平洋軍司令官も、ハリケーンやカトリーナ災害への対応で軍が非常に広範な役割を果たしたとし、「冷戦が終わってから、平和維持、平和執行、災害・人道支援及び安定化再構築など非伝統的軍事活動といわれるような分野で貢献するため、訓練要領について議論が常になされてきました。（中略）論点は、最早今まで非伝統的軍事活動と呼ばれていたことに関わるか否かではなく、国際社会に平和と安全を提供するそれらの行動において、如何に効果的に執行できるかなのです。」「この津波の例は、多様な機能を持っている軍が危機に対応する必要があることを示した。（中略）ここで特に重要だったのはヘリコプターの活用でした。」としている[19]。

次に、今後の課題については、マニュアルの必要性と訓練の実施が挙げられる。今回の実績からは米空母及び揚陸部隊を初めとした米海軍力の能力は絶大なものであった。今回のような大規模災害は、武力事態に勝るとも劣らない混乱状態を招き、国内外に対する影響は想像を絶するものである。したがって、武力事態における軍事活動のみならず、人道支援／災害救援活動等の非軍事的活動においても、平素から準備しておくことが必要である。特に、今回の反省から、人道支援／災害救援活動における軍の有用性が明らかとなり、かつ、その場合、各自衛隊との協同はもちろんのこと、米軍や他国軍との共同及び地方公共団体やNGO等の協力が考えられるため[20]、それを

---

[19] トーマス・B・ファーゴ「多国間協力・統合におけるリーダーシップ」『防衛学研究』第5号、2006年11月、59-61頁。

計画、準備、訓練しておく必要がある。そのためには、地方公共団体、米軍等も含んだ人道支援／災害救援活動に係る共同マニュアルを策定し、訓練する必要があるであろう。

拓殖大学の森本敏教授も指摘しているように、「今回の日米共同活動が多くの被災者を救援し高く評価された理由は、日米とも、指揮系統を統一したこと、自己完結型の能力・機能を有していたこと、普段から共同訓練を重ねてきたことにある。」[21] のである。

おわりに

日本にとって空前の規模となった今回の人道支援／災害救援活動は、軍事作戦と決して切り離すことのできないものであることを忘れてはならない。2010 年 12 月に策定された『平成 23 年度以降に係る防衛計画の大綱』の「防衛力の在り方」において、防衛力の役割の第 1 である実効的な抑止及び対処には、周辺海空域の安全確保、島嶼部に対する攻撃への対応、サイバー攻撃への対応、ゲリラや特殊部隊による攻撃への対応、弾道ミサイル攻撃への対応、複合事態への対応に加えて、大規模・特殊災害等への対応で締めくくられている[22]。今一度、海軍力の有効性を見直す必要がある。

今回、海上自衛隊と米海軍は、前例のない大規模作戦を成功させた。米戦略国際問題研究所日本部長のマイケル・グリーン（Michael Green）は、中国やロシアは米軍と自衛隊の相互運用性に驚いたはずだと述べている[23]。また、2011 年 6 月 21 日の日米安全保障協議委員会（2 + 2）において、「今次の災害への対処における日米間の緊密かつ効果的な協力は、2 国間の特別な

---

20) 被災地で救援活動を行うため、諸外国から、緊急援助隊の派遣や物資等の支援の申し出が相次ぎ、12 日午前 0 時の時点で、米国、韓国、中国、オーストラリア等 38 ケ国・地域から申し出があった（「38 カ国・地域から支援の申し出」『朝日新聞』、www.asahi.com/special/10005/TKY201103110706.html.

21) 『産経新聞』2011 年 6 月 20 日。

22) 「平成 23 年度以降に係る防衛計画の大綱について」（平成 22 年 12 月 17 日安全保障会議決定閣議決定）。

23) 『朝日新聞』2011 年 5 月 15 日。

絆を証明し、同盟の深化に寄与した。（中略）この経験から学び、将来にお
ける多様な事態に対応するための日米両国の能力を向上させる決意を共有し
た。」[24] と、今回の日米共同作戦では、改めて日米同盟の意義が印象づけら
れた。日米の友情を育てて、日米同盟の立て直しにつなげられるかその成否
は、日本外交の行方だけではなく、インド太平洋地域の平和と安定をも左右
するものであろう。

　東日本大震災と原子力災害は、第2の敗戦という苦いイメージをもたらし
た。立場や内容の違いはあれ、再建に向けて日本の国家戦略を求める声が高
まっている。日本人である以上、今回の東日本大震災を客観的に論じること
は許されない。今回のような大規模自然災害はいつの時代にも生起し得る。
東日本大震災を機に、日本の本質的な問題点を根本的に問い直し、新生日本
の母胎を形成し、将来の在り方を組み立てねばならない。一橋大学の野中郁
次郎名誉教授は、今回の震災でわかったこととして、現実を知り抜いた現場
の実践知を生かすべきとし、「閉じた社会では知の結集ができないばかりか、
すでにある知識も陳腐化してしまう。改めて知識国家をつくり出していく覚
悟が求められる。」[25] としている。復興を急ぐとともに、その先の日本の成
長戦略をどう再構築するかに力を注ぐべきであり、今一度英知の結集が必要
とされているのである。

---

24) 「日米安全保障協議委員会文書　東日本大震災への対応における協力」、2011年6月
　21日。
25) 『日経新聞』2011年4月21日。

第7章　シー・ベーシングの将来
——ポスト大震災の防衛力——

はじめに

　東日本大震災は、未曾有の壊滅的な被害をもたらし、復興への長い道のりを覚悟しなければならないほどの大きな傷跡を残している。2014年4月、政府の地震調査研究推進本部は、南関東で発生するM7程度の地震発生の確率を40年以内に80％としており[1]、関係省庁間では東日本大震災の教訓整理と対策の検討が急ぎ進められている。防衛省にあっても、2012年4月に『東日本大震災への対応に関する教訓事項』の最終取りまとめがなされ、意思決定、運用、各国との協力、通信、人事・教育、広報、情報、施設、装備、組織運営の10分野にわたって分析整理されている[2]。

　そこで注目すべきは、発災直後の部隊集中要領、海上における拠点としての機能強化、部隊を機動展開させるための輸送力と水陸両用機能の必要性である。一般に水陸両用機能とは、海上から陸上のある拠点に人員・物資等の兵力を展開揚陸する機能であるが、特に、島嶼、半島部が多い日本にとって、防衛力整備上、これらの機能は必然ながら、不十分であったことが露呈したとも言える。

　一方、台頭を続ける中国の活発な軍事的活動は目を離すことができない。

1）　地震調査研究推進本部地震調査委員会「相模トラフ沿いの地震活動の長期評価（第二版）」、2014年4月25日、http://www.jishin.go.jp/main/chousa/kaikou_pdf/sagami_2.pdf.

2）　防衛省「東日本大震災への対応に関する教訓事項について（最終取りまとめ）」、2012年11月、http://www.mod.go.jp/j/approach/defense/saigai/pdf/kyoukun.pdf#search=%27%E9%98%B2%E8%A1%9B%E7%9C%81+%E6%9D%B1%E6%97%A5%E6%9C%AC%E5%A4%A7%E9%9C%87%E7%81%BD+%E6%95%99%E8%A8%93%27.

82　第 7 章　シー・ベーシングの将来

特に、中国が、空母キラーと呼ばれる日本全土ほぼ全てを射程約 1,500km
内に含む対艦弾道ミサイル DF-21D/CSS-5 等を配備し、接近阻止・領域拒
否（Anti-Access/Area Denial: A2/AD）能力を整備しつつあることは見逃せな
い[3]。このような安全保障環境において、日本列島をどのようにして守って
いくのか。その基本的な方策が、『平成 26 年度以降に係る防衛計画の大綱
（25 大綱）』であり、「統合機動防衛力」の考えの下、重視すべき機能・能力
として、警戒監視能力、情報機能、輸送能力、指揮統制・情報通信能力、島
嶼部に対する攻撃への対応、弾道ミサイル攻撃への対応、宇宙空間及びサイ
バー空間における対応、大規模災害等への対応、国際平和協力活動等への対
応が必要とされている[4]。

　東日本大震災の教訓と 25 大綱に共通して求められている防衛機能として
は、迅速に部隊を機動展開し対応することが必要であり、米軍のシー・ベー
シング（Sea Basing：海上拠点）を大いに参考にすることができる。米国にお
いては、シー・ベーシングに係る議論は、特に冷戦後から 2008 年にかけて、
活発になされていた[5]。しかしながら、2010 年 2 月の『四年毎の国防見直
し（Quadrennial Defense Review: QDR2010）』には、その記述はない[6]。また、
2014 年 3 月の『四年毎の国防見直し（QDR2014）』には、"sea-based"
"basing" との記述はあるものの、直接海上拠点を説明したものではない[7]。
さらに、関連用語も、"seabasing" "sea basing" "Sea Basing" "Enhanced

3）　Andrew S. Erickson and David D. Yang, "Using The Land To Control The Sea?:
Chinese Analysts Consider the Antiship Ballistic Missile," *Naval War College Review*, Vol.
62, No. 4, Autumn 2009, pp. 53-54.

4）　「平成 26 年度以降に係る防衛計画の大綱について」（平成 25 年 12 月 17 日国家安全
保障会議決定閣議決定）、6-7、16-19 頁、http://www.mod.go.jp/j/approach/agenda/
guideline/2014/pdf/20131217.pdf.

5）　Sam J. Tangredi, "Sea Basing: Concept, Issues, and Recommendations," *Naval War
College Review*, Vol. 64, No. 4, Autumn 2011, p. 28.

6）　U.S. Department of Defense, *Quadrennial Defense Review Report*, February 1, 2010,
https://www.defense.gov/Portals/1/features/defenseReviews/QDR/QDR_as_
of_29JAN10_1600.pdf#search=%27qdr2010%27.

7）　U.S. Department of Defense, *Quadrennial Defense Review Report*, March 4, 2014, http://
archive.defense.gov/pubs/2014_Quadrennial_Defense_Review.pdf#search=%27qdr2014%27.

Networked Sea Basing" "seabased" "sea base" と様々である。一体、シー・ベーシングとは、何を意味し、どのような方向性を有しているのであろうか。

本章では、先ず、先行研究におけるシー・ベーシングの機能を整理し、次に、シー・ベーシングに係る議論の系譜をまとめ、その方向性をみる。そして、シー・ベーシングを初めて規定した『シー・パワー21（Sea Power 21: Projecting Decisive Joint Capabilities）』[8] を分析することを通じて、シー・ベーシングの今日的意義を探り、最後に、今、求められる日本の新たな防衛機能について提言する。

第1節　シー・ベーシング機能

シー・ベーシングの定義については不明確であるため、ここでは、シー・ベーシング機能とは具体的にどのようなことを意味するのか、その機能に焦点を絞って先行研究を分析してみる。

ムーア（Charles W. Moore Jr.）海軍中将とハンロン（Edward Hanlon Jr.）中将によれば、シー・ベーシングは、21世紀のシー・パワーの中核を占めると評価している。シー・ベーシングは、以前では考えられないような大規模な統合作戦と連合作戦を成功に導く上で、極めて重要な能力を海上で展開する。また、そのようなシー・パワーを利用することにより、陸上に兵力を展開させ、補給物資を揚陸させるために必要な活動を最小限にでき、上陸部隊の脆弱性を減少させ、さらには作戦の機動性を向上させることができる。そして、地球表面の70％を覆う海洋を、統合部隊を支援するための広大な作戦地域として活用するため、シー・ベーシングを基盤としたシー・パワーの利用は、戦争における軍事作戦を大規模な部隊を主体としたものから、精密性・情報を基礎としたものへとシフトさせる促進剤となっているとしている[9]。

---

8 ）　Vern Clark, "Sea Power 21: Projecting Decisive Joint Capabilities," *Proceedings*, Vol. 128/10/1, 196, October 2002, pp. 33-38.

9 ）　Charles W. Moore Jr. and Edward Hanlon Jr., "Sea Basing: Operational Independence

84 第7章 シー・ベーシングの将来

　米戦略予算評価センター（Center for Strategic and Budgetary Assessments: CSBA）のワーク（Robert O. Work）上級研究員（当時）によれば、シー・ベーシングとは、伝統的かつトランスフォーメーショナルな活動と整理している。統合部隊の遠征が重要となる時代の到来を予見し、統合作戦においては沿岸部に対する戦力投射が決定な影響を及ぼすとしている。また、シー・ベーシングを、海軍の中核的な作戦能力と位置づけ、統合作戦を可能とさせるものとしている。現在、多くの国の海軍が、両用戦艦艇を新造し、遠征による戦力投射を重視し始めていることを指摘するとともに、海軍の新たな挑戦として、非伝統的安全保障分野に対する備えをする必要があるとしている[10]。

　また、タングレディ（Sam J. Tangredi）は、シー・ベーシングとは、戦略的かつ統合の概念であるとしている[11]。そして、海外基地の量的・質的減少傾向にある現在、中国のA2/AD戦略を考慮すれば、既存の陸上基地はそれを生存させ続けることは難しく、特に弾道ミサイルにより繰り返される攻撃に対しては脆弱であり、シー・ベーシングは、陸上基地の代替というよりも、補完的なものであるとしている[12]。

　これらから、21世紀におけるシー・ベーシング機能とは、海軍力の中核として、兵力を陸上に展開揚陸させることにより、統合作戦に最大限寄与するものであるが、あくまでも補完的な位置づけにあると捉えることができる。

　ここで、今後のシー・ベーシングの方向性を見る上で、QDR2010における位置づけを確認する。なぜならば、QDR2010においては、シー・ベーシングについての言及はないものの、その代わりに望ましい海軍能力として、

---

for a New Century," *Proceedings*, Vol. 129/1/1, 199, January 2003, pp. 80-85.

10)　Robert Work, *Thinking about Seabasing: All Ahead, Slow,* Washington, D.C.: Center for Strategic and Budgetary Assessments, 2006, p. iv; Work, "On Sea Basing," in *Reposturing the Force: U.S. Overseas Presence in the Twenty-First Century*, Newport Paper 26, ed. Carnes Lord, Newport, R. I.: Naval War College Press, 2006, pp. 95-181.

11)　Sam J. Tangredi, "Sea Basing: Concept, Issues, and Recommendations," *Naval War College Review*, Vol. 64, No. 4, Autumn 2011, p. 28.

12)　Ibid., p. 39.

「移動上陸プラットフォーム（Mobile Landing Platform: MLP）」と表現されているからである。具体的には、既存の事前集積船をつなげたものに過ぎず、荷役の移動を促進する効果を期待したものである。MLP は、いわゆる浮き倉庫機能とともに、LCAC による荷役の運搬を促進し、前方における危機対応機能が求められている。つまり、財政緊迫下にある米軍にとって、高いコストをかけることなく、現有の装備を維持しつつ、シー・ベーシング機能の有効性を担保する方向性を示していると判断できる。

さらに、QDR2010 においては、中国の A2/AD 能力に対して「統合エアシー・バトル（Joint Air-Sea Battle: JASB）」構想が提唱されていることは興味深い[13]。その作戦構想の実態は、依然明示されていないが、2012 年 1 月、ASB 構想の上位概念となる『統合作戦アクセス構想（Joint Operational Access Concept: JOAC Ver. 1.0)』が統合参謀本部から発表された。A2/AD 戦略に対抗する概念として、作戦領域間相乗作用（Cross-Domain Synergy）が必要であるとし、数個の作戦領域を組み合わせることにより、自らの優位性を高め、他の領域における劣勢を埋め合わせるもので、その組み合わせの中で任務上必要な行動の自由をもたらす優位性を獲得するとされている[14]。今後の米軍の戦略的方向性は依然不透明ではあるものの、この作戦領域間相乗作用には、まさにシー・ベーシングを想起させるものがある。

第 2 節　シー・ベーシングの系譜

1980 年代以降の米海軍・海兵隊の主な戦略文書における米海軍の任務については、表 1 のようにまとめることができる。

表 1 から明らかなように、1980 年代以降の米海軍・海兵隊の主な戦略文書において、米海軍の任務には、戦力投射が必ず含まれていることが分かる。ここでは、これらの戦略文書を辿り、シー・ベーシングの系譜を探るこ

---

13) U.S. Department of Defense, *Quadrennial Defense Review Report*, February 1, 2010.

14) Joint Chiefs of Staff, *Joint Operational Access Concept*, Version 1.0, January 17, 2012, p. 15.

86　第7章　シー・ベーシングの将来

表1　1980 年代以降の米海軍等の主な戦略文書と米海軍の任務

年 代	戦略文書	米海軍の任務
1986	Maritime Strategy	1　抑止（Deterrence） 2　制海（Destroy enemy maritime forces） 3　シーレーン防護（Protect sea lines） 4　戦力投射（Support land battles）
1992	…From the Sea	1　戦略抑止（Strategic Deterrence） 2　プレゼンス（Presence） 3　制海（Control of the Seas） 4　戦力投射（Project precise power from the seas） 5　継続的危機対応 　　（Continuous on-scene crisis response） 6　海上輸送（Sealift）
1994	Forward… From the Sea	1　戦力投射 　　（Projection of power from sea to land） 2　制海（Sea control and maritime supremacy） 3　戦略的抑止（Strategic deterrence） 4　海上輸送（Strategic sealift） 5　前方プレゼンス（Forward naval presence）
1997	Anytime, Anywhere	1　制海（Sea Control） 2　戦力投射（Power projection） 3　プレゼンス（Presence） 4　抑止（Deterrence）
2002	Sea Power 21	1　シー・ストライク（Sea Strike） 2　シー・シールド（Sea Shield） 3　シー・ベーシング（Sea Basing）
2007	A Cooperative Strategy for 21st Century Seapower	1　前方プレゼンス（Forward presence） 2　抑止（Deterrence） 3　制海（Sea control） 4　戦力投射（Power projection） 5　海上安全保障（Maritime security） 6　人道支援／災害救援（HA/DR）
2015	A Cooperative Strategy for 21st Century Seapower （CS21R）	1　前方プレゼンス（Forward Presence） 2　全領域アクセス（All Domain Access） 3　抑止（Deterrence） 4　制海（Sea Control） 5　戦力投射（Power Projection） 6　海洋安全保障（Maritime Security）

（出所）米国防省及び米海軍ホームページ等を参考に筆者作成

ととする。

シー・ベーシングは、必ずしも新しい概念ではない。第2次世界大戦中、米国は空母と揚陸艦等により制海能力と戦力投射能力を維持し、1945年には2,547隻の両用戦艦艇を保有し、艦隊の37.6％を占めるに至っていた[15]。第2次世界大戦の教訓から、ハンチントン（Samuel P. Huntington）は、「浮き基地システム（floating base system）」の重要性を見出し、戦力に柔軟性と幅を与えることの必要性を説いている。その考えを具体化させたのが、シー・ベースの陸上兵力、すなわち、艦隊の海兵隊である[16]。これはまさに、今日の海から陸への戦力投射の考えの起源となるものである。

冷戦期にあっては、制海の重要性はより高まり、前進基地の重要性も高くなった。1986年1月、米海軍作戦部長ワトキンス（James David Watkins）海軍大将は、ソ連海軍への対処を目的とした『海洋戦略（The Maritime Strategy）』を公表した。海洋における海戦により、海上優勢を確保し、陸上戦闘を優位に導くための戦力展開が焦点であり、海洋が主戦場であった[17]。

冷戦後の米海軍の新たな戦略構築の端緒は、1991年の湾岸戦争である。湾岸戦争を踏まえ、大規模な統合作戦における海軍の役割について見直しが行われ、地域紛争への対処が目的とされた。そこでは、沿岸部が主戦場と位置づけられ、統合作戦を中心とした戦略への見直しの必要性から、米海軍と海兵隊は協同して戦略構築を図るようになった。

まず、1991年4月、米海軍作戦部長ケルソー（Frank B. Kelso）海軍大将とグレイ（A. M. Gray）海兵隊大将は、『ウエイ・アヘッド（The Way Ahead）』を発表し、多様な任務に対応できるような戦略の再構築を図る上での、統合・連合作戦の重要性を確認した[18]。

---

15) U.S. Department of the Navy, Naval Historical Center, *U.S. Navy Active Ship Force Levels,* www.history.navy.mil/branches/org9-4.htm#1938.

16) Samuel P. Huntington, "National Policy and the Transoceanic Navy," *Proceedings*, Vol. 80, No. 5,615, May 1954, pp. 490-491.

17) James D. Watkins, "The Maritime Strategy," *Proceedings*, Vol. 112/1/995, January 1986, pp. 3-17.

18) H. Lawrence Garrett III, Frank B. Kelso, A. M. Gray, "The Way Ahead," *Proceedings*, Vol. 117/4/1, 058, April 1991, pp. 36-47.

88　第7章　シー・ベーシングの将来

　1992年9月には米海軍長官オキーフ（Sean O'Keefe）、米海軍作戦部長ケルソー（Frank B. Kelso）海軍大将及び米海兵隊司令官マンディー（Carl E. Mundy, Jr.）海兵隊大将の連名により、冷戦後の米海軍の新戦略『海から（...From the Sea）』を発表した。ここでは、地域紛争に対応するため、作戦を展開する沿岸部に焦点を当て、統合作戦を円滑に遂行するための海軍遠征部隊（Naval Expeditionary Forces）の創設を打ち出した[19]。ここで、海軍の役割は、沿岸部における戦いと海からの戦力投射へと移行したのである。

　1994年11月には米海軍長官ダルトン（John H. Dalton）、米海軍作戦部長ボーダ（Jeremy M. Boorda）海軍大将及び米海兵隊司令官マンディー（Carl E. Mundy, Jr.）海兵隊大将の連名による『海から…前へ（Forward...from the Sea）』が発表された[20]。海軍の役割を、①海から陸への戦力投射、②制海、③戦略的抑止、④海上輸送、⑤前方プレゼンスと整理し、統合作戦を重視しつつ、海から陸への戦力投射を第1に挙げているのが特徴である。

　一方で、海兵隊は、作戦のより具体化を図ることを企図した。まず、1996年1月、海兵隊総司令官クルーラック（Charles C. Krulak）海兵隊大将が、『海上からの作戦機動（Operational Maneuver from the Sea: OMFTS）』を発表した。海兵隊は、戦争のあらゆる局面において沿岸部における機動作戦を行い、広範囲に作戦を展開できることを示した[21]。

　また、1998年には、これを補強する構想『海上事前集積部隊2010（Maritime Prepositioning Force 2010 and Beyond）』が出され、海兵・空陸部隊（Marine Air-Ground Task Force: MAGTF）が平素から有事までの全作戦期間において貢献するとし、中でも軍事作戦以外の軍事活動（Military Operations Other Than War: MOOTW）において、食糧、補給物資、医療等の支援ができるシー・ベース機能の重要性を指摘している[22]。

---

19)　Sean O'Keefe, Frank B. Kelso, Carl E. Mundy Jr., "...From the Sea: Preparing the Naval Service for 21st Century," *Proceedings*, Vol.118/11/1, 077, November 1992, pp.93-96.

20)　John H. Dalton, Jeremy M. Boorda, Carl E. Mundy Jr., "Forward...From the Sea," *Proceedings*, Vol. 120/12/1, 102, December 1994, pp.46-49.

21)　Charles C. Krulak, "Operational Maneuver from the Sea," *Proceedings*, Vol. 123/1/1,127, January 1997, pp. 26-31.

さらに、2000 年には、『海兵隊戦略 21（Marine Corps Strategy 21)』として集大成を行い、両用戦部隊及び海上事前集積部隊の役割が増大し、沿岸部に影響を与える深さも幅も増大しているとしている[23]。

ここで、特徴的なことは、2001 年の『遠征作戦（Expeditionary Maneuver Warfare: EMW)』と 2003 年の『ネットワーク・シー・ベーシングの強化（Enhanced Networked Seabasing: ENS)』において、ネットワークの重要性が特に強調されていることである。

2001 年の EMW においては、シー・ベーシングは、多方面かつ柔軟な戦力投射を支援するとし、シー・ベーシングによる作戦は、海軍力の戦力投射を最大限化するとともに、プラットフォームのネットワーク化と、相互運用性の促進に役立つとしている[24]。

2003 年の ENS においては、シー・ベーシングとは、遠征部隊を投射し、作戦を行い、維持させることにより、制海、抑止、前方展開及び戦力投射といった海軍の任務を支援し、強化するとされた[25]。

また、米海軍も、海兵隊の作戦の具体化作業に呼応して、独自の構想を打ち上げていく。2002 年 10 月、米海軍作戦部長クラーク（Vern Clark) 海軍大将は、『シー・パワー21（Sea Power 21)』を発表した。ここでは、情報優位、制海、機動性、秘匿性、範囲、精密性、火力等の非対称的な優位性を確保する土台として、シー・ベーシングが強調された[26]。つまり、冷戦後の多様な脅威、9.11 テロの新たな脅威に対し、ネットワーク化により分散化し、海からの陸への攻撃へと転換したのであった。これは統合軍として、21 世紀に適応できる海軍への転換を図ったものである。

22） John E. Rhodes, *United States Marine Corps Warfighting Concept for the 21st Century,* Quantico, VA: Marine Corps Combat Development Command, 1998, pp. Ⅲ-4-11.

23） James L. Jones, *Marine Corps Strategy 21*, Washington DC: Headquarters Marine Corps, November 3, 2000, p. 4.

24） James L. Jones, *Expeditionary Maneuver Warfare*, Washington DC: Headquarters Marine Corps, November 10, 2001, p. 4.

25） Edward Jr. Hanlon and R. A. Route, *Enhanced Networked Seabasing*, Washington DC: Department of the Navy, 2003, p. 4.

26） Clark, "Sea Power 21," pp. 33-38.

90   第7章 シー・ベーシングの将来

これら EMW、ENS、『シー・パワー21』に共通するシー・ベーシングを
ネットワークでつなぐという考えは、まさに、JOAC の作戦領域間相乗作用
(Cross-Domain Synergy) と一致するものである。9.11 テロの影響により頓挫
していた 21 世紀の国際環境下における戦略構想の再評価がなされていると
考えることができる。

2006 年、『海軍作戦概念 (Naval Operations Concept 2006)』においては、シ
ー・ベーシングの形態がより具体化され、統合、省庁間、多国間の協力によ
る地域的海洋安全保障に対応する手段としての GFS (Global Fleet Station) の
概念が発表された。そして、GFS の機能として、地域作戦の司令部機能、
艦艇・航空機等の修理機能、限定的医療設備、情報融合センター、作戦支援
能力等が必要であるとされている[27]。

2007 年 10 月、米国で初めて海軍作戦部長、海兵隊司令官、コースト・ガ
ード司令官の 3 名が連名で署名した『21 世紀の海軍力のための協力戦略 (A
Cooperative Strategy for 21st Century Seapower)』が発表され、①前方プレゼン
ス、②抑止、③制海、④戦力投射、⑤海洋安全保障、⑥人道支援／災害救援
の 6 項目が挙げられている。そこでは、紛争の予防が、紛争の勝利と同様に
重要であることが強調されている[28]。21 年振りの海軍戦略であり、これに
基づき、安定化と人道支援／災害救援のために、GFS として、言い換えれ
ばシー・ベースとして初めて、APS (Africa Partnership Station) がギニア湾に
配備され、紛争予防の基盤を布いたのは特徴的である[29]。

GFS 概念は、伝統的な空母や揚陸部隊を配備することなく、安全保障協
力や能力構築する手段として、平時の作戦における「緊急の必要性
(Urgency)」があったために生まれたものである[30]。そして、GFS は、今

---

27) Michael G. Mullen and Michael W. Hagee, *Naval Operations Concept 2006*, Washington
DC: Department of the Navy, September 2006, pp. 1-31.

28) James T. Conway, Gray Roughead and Thad W. Allen, "A Cooperative Strategy for 21st
Century Seapower," October 17, 2007, www.navy.mil/maritime/Maritimestrategy.pdf.

29) Kathi A. Sohn, "The Global Fleet Station: A Powerful Tool for Preventing Conflict,"
Naval War College Review, Vol. 62, No. 1, Winter 2009, p. 45.

30) Ibid., p. 48.

や、地方公共機関や国際機関、NGO 等との現場における調整モデルとなっている[31]。

米海軍大学のバーネット（Roger W. Barnett）名誉教授によれば、海軍力の使用について、①艦隊決戦、②封鎖、③通商破壊、④現存艦隊（Fleet in Being）、⑤沿岸防備、⑥海上戦力投射の 6 つが歴史的に戦略として採用されてきたと総括している[32]。

これらから考えると、歴史的にも、今日的にも、海軍の役割として、戦力投射の機能は不可欠である。そして、戦力投射をする上で、シー・ベーシング機能は、決して新しいものではないが、ネットワーク化を進めることにより、ますますその重要度が増しているのである。そして、シー・ベーシングの意義づけを明確にしたのが、『シー・パワー21』であり、戦略上その前後では明らかに、戦力投射の意味合いに変化がみられる。それは、米戦略における戦力投射の概念が、「駐留（garrison）」から「遠征（expeditionary）」の時代へと変容していくものを裏付けるものである[33]。

第3節　シー・パワー21 の実現

米国の最新強襲揚陸艦「アメリカ（USS America, LHA-6）」が、2014 年に就役した。『シー・パワー21』構想のシー・ベーシング機能を有する将来型事前集積部隊（Maritime Prepositioning Force Future: MPF（F））の一翼となるのが最大の特徴である[34]。「アメリカ」に象徴されるように、米国はシー・ベーシング機能を重要視していることは明らかである。

21 世紀の戦争形態を視野に入れた『シー・パワー21』は、世界中どこへでも移動し、戦力投射能力を発揮するため、水陸両用機能の他に、海上拠点

---

31) U.S. Marine Corps, "Global Fleet Stations Concept," July 30, 2007.
32) Roger W. Barnett, "Naval Power For A New American Century," *Naval War College Review*, Vol. LV, No. 1, Winter 2002, p. 46.
33) Hans Binnendijk, *Transforming America's Military*, Center for Technology and National Security Policy, National Defense University, 2002.
34) Clark, "Sea Power 21," pp. 33-38.

92　第7章　シー・ベーシングの将来

の必要性を明確に位置づけたことが画期である。その3本柱は、シー・ストライク（Sea Strike：海上打撃力）、シー・シールド（Sea Shield：海上防楯）、そして、シー・ベーシングであり、これらの3つをつなぐものとして、フォース・ネット（Force Net：軍事ネットワーク）がある[35]。軍の機能的な観点から言い換えてみると、シー・ストライクは、攻勢的（offensive）パワー、シー・シールドは、防勢的（defensive）パワーであり、シー・ベーシングとは、それらのパワーを投射するための海上作戦拠点と捉えることができる。

『シー・パワー21』が出された背景としては、科学技術の発展を受けた1990年代の「軍事上の革命（Revolution in Military Affairs: RMA）」がある。1991年1月の『米国防報告（Annual Report to the President and the Congress）』においては、「トランスフォーメーション戦略（Transformation Strategy）」が打ち出され、21世紀に向けて、新たな戦略構築の核として、選択的な装備の近代化、情報技術、ステルス技術等を目指すとした[36]。

『シー・パワー21』において注目すべきことは、既に陸上に展開されている統合作戦における海軍による支援の重要性が特に強調されている点である。そして、将来の海上作戦において必要な要素としては、情報優位、分散及びネットワークを挙げていることが特徴的である。

ここで、具体的な内容について整理してみれば、シー・ストライクとは、決定的な戦闘力を投射することであり、そのためには情報の収集とその情報の管理が中核となる。つまり、「知の支配」と「情報の支配」である。統合作戦部隊指揮官は、あらゆる兵力を組み合わせたシー・ストライクにより、敵による聖域化を拒否する能力が期待されているのである[37]。

シー・シールドについては、伝統的な海軍は、従来、艦艇や艦隊、シーレーンを防衛してきたが、今後の海軍にはより多くのことが求められる傾向にあり、シー・ベースを利用した戦域・戦略的防衛が必要としている。特に、

---

35)　Ibid.

36)　William S. Cohen, Secretary of Defense, *Annual Report to the President and the Congress*, Washington D. C.: US Government Printing Office, January 1991, p. 121.

37)　Clark, "Sea Power 21," p. 34.

戦闘空間における優位を獲得するため、シー・シールドは、敵による作戦区域の支配を拒否するものとして期待されている[38]。

シー・ベーシングについては、シー・ストライク及びシー・シールドの基盤であり、よりネットワーク化された長距離兵器やセンサーが増えることを踏まえれば、軍事的成功の鍵になるとしている。また、大量破壊兵器が増加し、海外基地が減少する傾向の下、政治的かつ軍事的に兵力の脆弱性を減らすためには、安全で機動的で、かつネットワーク化されたシー・ベースが必要である。そして、シー・ベーシングにより、遠征部隊の配備を加速することができるため、海軍の役割を効果的に発揮できる価値ある手段であるとしている[39]。

フォース・ネットは、3本柱の接着剤として重要である。情報化時代の海上作戦においては、兵士、センサー、指揮統制、プラットフォーム及び武器について、よりネットワーク化する必要がある。そして、フォース・ネットにより、状況認識を改善し、決定の時間を短縮し、戦闘力を大胆に展開することが期待されている。それはいわゆる、知識ベース（Knowledge-based）の戦闘作戦とも言える。まずは、既存のネットワーク、センサー、指揮統制システムを統合することから始める必要があるとしている[40]。

21世紀は、不確かで、予想できない環境下にある。そのような中で、『シー・パワー21』は、統合作戦とトランスフォーメーションに寄与するものとして導出されたのである。つまり、戦闘力を最大限に発揮させるため、いつでも、どこにでもその能力を発揮できるように改革を進めることが求められたのである。今後の作戦態様において、統合作戦部隊指揮官は任務に応じて必要な兵力を組み合わせる必要があり、より広範な戦闘効果を発揮するためには、ともにネットワークでつながれた戦力投射能力が必要であり、柔軟な兵力組成を考慮しなければならない。これは、まさに JOAC の考え方と共通している。

---

38) Ibid., p. 35.
39) Ibid., p. 36.
40) Ibid., p. 37.

この『シー・パワー21』を具体的に実現する過程として、シー・トライアル（Sea Trial：革新プロセス）、シー・ワォリアー（Sea Warrior：兵士への投資）、シー・エンタープライズ（Sea Enterprise：艦隊への資源配分）が提唱されたが[41]、2002年頃から続く財政緊迫により、『シー・パワー21』はほとんど無視されてきたのであった。近年のシー・ベーシングに係る論議は、まさに『シー・パワー21』を再評価、実現する流れに回帰しているのである。

第4節　シー・ベーシングの今日的意義

　冷戦期は、紛争が発生する可能性がある地点をある程度予測できたため、前もってそこへ兵力を配備することができたが、現代の脅威は、前もって紛争が起こり得る地域を特定することは難しい。そのような状況に対処するためには、あらゆる事態に備え、どこで紛争が発生しようとも迅速に兵力を展開することが求められる。

　その中核的な位置づけにおかれたのが、シー・ベーシングであった。米海軍高官のボーイ（Christopher J. Bowie）は、CSBAの報告書において、1隻の空母があれば、4.5エーカーの面積の米国があるようなものであり、外交的な制限もなく、自分たちが行きたいときに自分たちが運びたいものを積んで自由に飛行することができるとした[42]。確かに、海軍や海兵隊の任務や作戦態様から考えれば、シー・ベーシングとしての空母の能力は極めて高いが、その機能すべてを空母に依存するのは現実的ではない。

　一方で、米戦略国際問題研究所（Center for Strategic and International Studies: CSIS）のゴウレ（Daniel Goure）は、シー・ベーシングに疑問を呈している。陸上基地とシー・ベーシングの優劣をめぐる問題は確固とした解決策を見つけることなく長い間、議論されてきた。もし、陸上基地が必要となれば、探し出し、奪取すればよいことを、湾岸戦争やコソボの教訓としてし

---

41)　Ibid., pp. 39-41.

42)　Christopher J. Bowie, "The Anti-Access Threat and Theater Air Bases," *Center for Strategic and Budgetary Assessments*, 2002, p. 3.

第4節　シー・ベーシングの今日的意義　　*95*

ばしば見逃されてきたとしている[43]。確かに、そうではあるが、これは当時の米軍のような圧倒的な軍事力によるもので、今やその現実性は乏しい。そして、何よりも今日の陸上基地は、政治的コストの問題が複雑に絡むことが常態となっている。

　このようにシー・ベーシングについては、依然として賛否両論あるものの、インド太平洋地域において台頭する中国に対して、どのように対応していくべきかを判断するため、地政学的な観点を加えることにより、シー・ベーシングの今日的意義を導いてみる。カプラン（Robert Kaplan）の、『中国パワーの地政学（The Geography of Chinese Power）』における指摘は興味深い視点を提供してくれる。そこでは、中国が、A2/AD 能力を整備し、海軍力を用いて有利なパワーバランスを作り出したいと考え、中国の影響圏の拡大は、米軍の活動圏と不安定な形で接触するようになるとしている。そして、現状に対するバランスをとっていく上で、米海軍力の拠点としてのオセアニアの重要性が増すとしている。また、「ギャレット計画（Garret Plan）」という興味深い計画を紹介し、米国は、250 隻艦隊（現在の 280 隻から削減）と 16% 削減された国防予算でも、直接的な軍事対決を伴うことなく、中国の戦略的パワーに対抗していけるとしている[44]。

　これらを考えれば、シー・ベーシングの今日的意義は、直接的な対応を避け、間接的に影響力を行使できる機能であり、「不敗」の態勢を築くことにある。つまり、常に脆弱性をさらけ出している陸上基地に対し、機動性を十分に活用することによって残存性を維持し、かつ柔軟に即応する能力を保持するシー・ベーシングは、まさに不断の対処かつ抑止力となりえる可能性があるのである。これはまさに、米国の「オフショア戦略（Offshore Balancing）」であり[45]、「エアシー・バトル（Air-Sea Battle）」構想の名称を

---

43)　Daniel Goure, "The Tyranny of Forward Presence," *Naval War College Review*, Vol. LIV, No. 3, Summer 2001, p. 17.

44)　Robert Kaplan, "The Geography of Chinese Power: How far will China reach on Land and at Sea," *Foreign Affairs*, Vol. 89, No.3, May/June 2010, pp. 22-41.

45)　Christopher Layne, "Offshore Balancing Revised," *The Washington Quarterly*, Vol.25, No. 2, Spring 2002, pp. 233-248.

「国際公共財におけるアクセスと機動のための統合（Joint Concept for Access and Maneuver in the Global Commons: JAM-GC）構想」の考え方にも通じている[46]。

新太平洋研究所のホッパー（Craig Hooper）によれば、米国がこれまでのように好きなように太平洋に関与できる時間はほとんど残されていないとし、現代の水陸両用戦部隊を、大海軍時代の象徴的なものから、より低価格なシー・ベーシング機能として活用することによって、戦域への関与と安全保障協力、そして危機対応任務へ対応すべきとしている[47]。

米国においては、海兵隊は海軍なしでは作戦はできないし、海軍は海兵隊なくして作戦はできない。そして、米国は海軍なしでは成り立たないと言われている[48]。新たな脅威に対しては、統合による戦力投射についての新たな考えが必要である。なぜなら、戦力投射能力を維持し続けることは、米国の国益にとって戦略的に重要であるからである[49]。時代が変わろうと、米国が海を必要とする限り、米国にとって最も柔軟かつ、実際的で意味のある水陸両用戦機能が必要であり、パートナー国と協力して、適当な兵力を構成することが必要なのである[50]。

したがって、インド太平洋地域において生起し得るあらゆる事態に対応するためには、今一度、日米でシー・ベーシングの今日的意義を踏まえた作戦を再構築する必要があるであろう。

---

46)　下平拓哉「JAM-GC 構想の本質と将来－グローバル・ウォーゲームの分析を参考に－」『東亜』第 580 号、2015 年 10 月。

47)　Craig Hooper and David M. Slayton, "The Real Game-Changers of the Pacific Basin," *Proceedings*, Vol. 137/4/1, 298, April 2011, pp. 45-46.

48)　Samuel C. Howard and Michael S. Groen, "Amphibious, Now More Than Ever," *Proceedings*, Vol. 137/11/1, 305, November 2011, p. 28.

49)　Robert O. Work and F. G. Hoffman, "Hitting the Beach in the 21st Century," *Proceedings*, Vol. 136/11/1, 293, November 2010, pp. 16-21.

50)　Douglas M. King and John C. Berry, "National Policy and Reaching The Beach," *Proceedings*, Vol. 137/11/1, 307, November 2011, pp. 20-24. 冷戦後以降も、100 以上の作戦に両用戦部隊は参加してきた。

第5節　水陸両用機能の展開

　近年、各国で揚陸艦の建造が顕著であり、水陸両用機能の態勢整備の際には、それらを大いに参考にすることができる[51]。例えば、スペインの「フアン・カルロス1世（Juan Carlos I, L 61）」は、2010年に就役した強襲揚陸艦である。軽空母としての運用も可能な多目的艦であることが大きな特徴である。27,079トンで、約900名の兵員、CH-47 × 12機、AV-8B × 10機を標準搭載、揚陸艇LCM × 4隻、LCACも搭載可能なウェルドックを有している。また、艦首にスキー・ジャンプ勾配を備え、V/STOL機F-35Bも搭載可能とされていることは興味深い。この準同型艦として、オーストラリア海軍のキャンベラ（Canberra）級強襲揚陸艦が2014年に就役しており、トルコ海軍もアナドル（Anadolu）級強襲揚陸艦を2016年に建造を開始した。

　フランスの「ミストラル（Mistral, L 9013）」は、2006年に就役した強襲揚陸艦である。21,600トンで、約900名の兵員、ヘリコプター× 16機を標準搭載、LCAC × 2隻搭載可能なウェルドックを有している。ディーゼル電気推進方式を採用しているのが特徴的である。また、ロシアも、2011年にミストラル級強襲揚陸艦2隻の購入について契約したが、2014年のウクライナ騒乱によって契約中止となっている。

　また、中国でもユージャオ級（Yuzhao: 071型）ドック型揚陸艦の1番艦「崑崙山（Kunlunshan, LPD998）」が、2008年に就役している。17,600トンで、約800名の兵員、ヘリコプターZ-8 × 2機を標準搭載、LCAC × 4隻搭載可能なウェルドックを有している。

　さらに、オランダでは、統合支援艦（Joint Support Ship）と言われる揚陸艦と補給艦を兼ねた「カレル・ドールマン（HNLMS Karel Doorman）」が、2015年に就役した。28,000トン、ヘリコプター× 6機を搭載可能で、洋上補給機能、兵員等の輸送機能を有した多目的艦である。

　これらの趨勢から、要求される性能等は次のように考えられる。

---

[51]　Jane's Fighting Ships 2010-2011, IHS Global Limited, 2010.

98　第 7 章　シー・ベーシングの将来

① 1000 名規模の人員収容能力[52]

② 同人員分の装備品・車両等の積載・輸送能力（状況により戦車等を含む）

③ 指揮通信能力（司令部機能、衛星通信能力）

④ ヘリコプター運用・整備能力（多機種多数機運用）

⑤ 揚陸艇運用能力（複数の LCAC（2 隻以上）を運用・積載）

⑥ 医療支援能力等

　今後の日本の防衛戦略を考えていく上で、クグラー（Richard L. Kugler）の『将来の変化：米国の軍事プレゼンスの将来（Change Ahead）』には、次のような興味深い指摘がある。①脅威対処から環境の形成への役割変化、②変化する国際情勢に応じ、柔軟な適応能力が問われ、一点集中から広範囲なエリア対応へ、③地域防衛より、戦力投射重視へ、④単一目標達成の集約から、より柔軟かつ多様なアセットを組み合わせたポートフォリオ型へ、⑤ RMAを進め、C4ISR 基地、インフラ、事前集積等による新たな戦力投射体系が作り出せると言うものである[53]。

　これは、まさに現在の安全保障環境を適切に表している。ここで示されている戦力投射機能とは、従前からある米軍による大規模な強襲揚陸能力も包含しているため、より正確に現在の日本の防衛機能に当てはめるならば、25大綱と東日本大震災の教訓を踏まえて、海上拠点と水陸両用機能と言い表すことが適当であろう。

　日本は四面を海で囲まれ、島嶼を多く有している。このような日本国土全てを守るためにはどのようにすべきか。島嶼部における防衛に当たっては、必要に応じて部隊を駐留させることや、部隊の迅速な展開と投入、物資の輸送等が必要であり、その際、輸送能力の確保が極めて重要である。そして、時間の経過に伴い、それぞれの拠点に対する補給等の後方支援を行うことが重要となってくる。また、島嶼部を占拠されるような不測の事態に際して

---

[52]　25 大綱に基づき、2018 年 3 月 27 日に創設された水陸機動団（約 3000 人規模）の水陸機動連隊の定員は 660 名である。

[53]　Richard L. Kugler, *Changes Ahead: Future Directions for the US Overseas Military Presence*, Washington D. C.: Rand Corporation, 1997.

は、速やかに島嶼を奪回するための水陸両用作戦を実施できる能力が必要である。さらに、国民を安全な場所へ移動させることも考慮しなければならない。一般に、水陸両用作戦には、輸送艦（揚陸艦）、水陸両用車、上陸用舟艇、上陸部隊、攻撃ヘリコプターや攻撃機による航空支援等が必要である[54]。しかしながら、現在の海上自衛隊にはそのような機能が備わっているとは言い難い。さらに、島嶼の防衛及び奪回のため、島嶼部へ兵力を迅速に展開、投入させる際には、周辺海空域の自由な使用を確保することが必要である。このように、島嶼部におけるいかなる事態にも迅速に対応できる態勢整備が必要であり、その際、国民の理解を得つつ、国民の安心感を確保することが重要である。

　今後、日本が検討すべきは、作戦所要のある地域に迅速に兵力を投入する水陸両用能力、海上拠点としての能力、また平素においては人道支援／災害救援や医療支援能力等、必要とされているものは、多目的艦である。これは、まさしくシー・ベース機能の体現である。

　多目的艦の実現に至るまでの間は、まずは、「ひゅうが」型、「いずも」型護衛艦の指揮通信能力とヘリコプター運用・整備能力、そして物資等を揚陸できる LCAC を搭載した「おおすみ」型輸送艦の輸送能力を組み合せた水陸両用機能の態勢を速やかに構築する必要がある。

おわりに

　米国が実現を目指しているシー・ベーシングとは、陸海空軍力を迅速かつ効果的に集中して行う統合作戦の海上拠点と水陸両用機能を意味するものである。しかしながら、現下の財政緊迫と中国の A2/AD 能力を前に、克服すべき課題に直面し、新たな戦略構築を模索している状況にある。したがって、まさに同盟国との協力を大きく期待する方向性を示している。そして、日本にとっても、東日本大震災の教訓等を踏まえ、シー・ベーシングの具現

---

54)　野中郁次郎『アメリカ海兵隊：非営利型組織の自己革新』中央公論新社、1995 年、36 頁。

化を速やかに進める必要がある。

　今後、インド太平洋地域の安全保障システムの中核を占める日米同盟において、日米がそれぞれの役割と軍事的能力を積極的に分担し、相互補完性を高めることがより重要である。つまり、日米が協力して、それぞれが主導できる分野を積極的に分担することである。そのためには、日本にとって、今、必要な防衛機能であるシー・ベーシング機能、つまり、影響力を行使できる海上拠点と水陸両用機能を早急に整備すべきである。シー・ベーシングは、統合作戦、省庁間協力、NGO 等民間との協力、多国間協力の要となり、行動の自由がもたらす非対称的優位性を最大限に発揮して、「不敗」の戦略を創出し得る可能性を有しているからである。

第8章　防衛省・自衛隊と NGO
──海からの人道支援／災害救援活動──

はじめに

　世界的に有名な NGO である国際環境 NGO「グリーンピース（GREENPEACE）」や反捕鯨 NGO「シーシェパード（Sea Shepherd）」の過激な運動はよく知られており、エコ・テロリストとも呼ばれている[1]。その一方で「アムネスティ・インターナショナル（Amnesty International）」や「国境なき医師団（MEDECINS SANS FRONTIERES）」のように長い歴史と経験を有し、平和構築や人権、環境、貧困対策等の政策決定に大きな影響を与えている NGO もある[2]。

　日本においても、近年、NGO の役割が注目されるようになってきてい

1）　James F. Jarboe, "The Threat of Eco-Terrorism," *Federal Bureau of Investigation Congressional Testimony*, February 12, 2002, http://www.fbi.gov/news/testimony/the-threat-of-eco-terrorism.「グリーンピース」は、1971年、アラスカ沖での核実験に12人のカナダ人が船を出して抗議したことを契機に活動を開始し、地球環境問題の中で特に気候変動、海洋生態系保護、オゾン層保護、原子力等の分野で活動している。2005年12月に、南極海で調査捕鯨をしていた日本の捕鯨船の周辺で、「グリーンピース」の船が抗議行動を行い双方の船が接触する事件が発生している。「シーシェパード」は、1977年、海洋生物の保護を目的に設立、アイスランドやノルウェー、日本の捕鯨船等に体当たりで沈没させる等過激な行動を繰り返している。（http://www.greenpeace.org、http://www.seashepherd.org.）

2）　「アムネスティ・インターナショナル」は、1961年に英国で設立され、世界150の国と地域に300万人以上の会員を擁する世界最大の人権 NGO である。その政治的中立性から、最も信頼できる国際組織として高い評価がなされ、1977年にはノーベル平和賞を受賞している。「国境なき医師団 MSF」は、1971年、フランス人医師らが設立、1999年にはノーベル平和賞を受賞し、2016年は、医師、看護師ら海外派遣スタッフと現地スタッフ計3.9万人以上が、世界70の国と地域で活動している。（http://www.amnesty.org、http://www.msf.org.）

る。特に、東日本大震災においては、震災直後からNGOを中心としたボランティア活動が、被災者の救援等に当たり、半年後にはボランティアセンターの登録・活動者数は延べ76.7万人を超えた[3]。その活動内容は、物資支援、ボランティア派遣、保健・医療活動等、広範多岐にわたっている。また、民間企業においても、東日本大震災を契機として、危機に際しての事業継続（Business Continuity Management: BCM）や企業の社会的責任（Corporate Social Responsibility: CSR）の重要性が再認識され、社会における民間企業の役割がより注視されてきている[4]。

人道支援活動は、伝統的に文民組織の仕事であったが、近年、軍事組織が人道支援／災害救援（Humanitarian Assistance/Disaster Relief: HA/DR）活動に重点をおくようになってきている。その結果、HA/DRの現場では、軍事組織と文民組織との間で、活動内容の重複や競合、一部においては混乱が生起している。

このような競合や混乱を避けるためには、どのような民軍関係を構築していけば良いのであろうか。民軍関係においては、潜在的にギャップがあり、いかに民軍関係を構築しても、そのギャップは埋めることは難しいと言われている[5]。しかしながら、大規模なHA/DRにおいては、国家の総力を挙げて対応することが必要であり、このギャップは克服しなければならないギャ

3） 東日本大震災復興対策本部事務局震災ボランティア班「震災ボランティア活動の果たしてきた役割と、今後の政府の取組～東日本大震災から半年を経過して～」2011年9月30日、http://www.reconstruction.go.jp/topics/volunteer0930.pdf.

4） BCMについては、2004年、英国が「民間緊急事態法2004（Civil Contingencies Act 2004）」を制定し、非常事態への積極的な備えと計画の必要性を訴えたのが端緒である。CSRについては、1990年代後半に、企業がその収益を社会にも還元するのみならず、組織的に環境と社会的側面を改善していくという新しい経営システム論である。（長坂寿久「CSR=企業とNGOの新しい関係（その1）」『季刊 国際貿易と投資』No. 78、Winter 2009、73-74頁。そこでは、企業と市民の橋渡し役として両者の相互理解を進めるNGOの新たな役割を分析している。）

5） Peter D. Feaver and Richard H. Kohn, eds., *Soldiers and Civilians: TheCivil-Military Gap and American National Security*, Cambridge, Mass.: MIT Press, 2001; Thomas S. Szayna, Kevin F. McCarthy, Jerry M. Sollinger, Linda J. Demaine, Jefferson P. Marquis and Brett Steele, *The Civil-Military Gap in the United States: Does It Exist, Why, and Does It Matter?*, RAND Arroyo Center, 2007, p. xiii.

ップである。

　日本には、500 近い数の NGO が存在し、多彩な経験とノウハウを有している。東日本大震災の例を挙げるまでもなく、被災現場では想像を絶する混乱状態に陥り、そこでは政府機関・非政府機関を問わず各組織の強点を活かし合うことが必要である。HA/DR に係る自衛隊と NGO 等との関係についての先行研究については、中村太・小柳順一の研究があり、そこでは、自衛隊と災害 NPO はそれぞれ独自の組織文化を有しており、その異質性を弱めるための地方自治体の役割の大きさを指摘している[6]。しかしながら、東日本大震災の例を見ると、巨大地震と津波の被害により、陸上インフラが瞬断し、発災直後に、肝腎の地方自治体機能の一部が喪失してしまった。もとより、いかなる困難な状況下にあっても、人命救助の黄金期間と言われる発災後 72 時間を無駄にすることは許されない。そして、日本の大都市の大半が海に面しているのである。ここに、防衛省・自衛隊、特に機動性及び柔軟性に優れた海上自衛隊と多彩な能力を有する NGO との協力の余地がある。つまり、陸上の災害対策本部が機能的に運用できるまでの間、少なくとも人命を救助できる可能性がある限り、海上自衛隊と NGO は、それぞれの特徴を活かし合うことが重要である。それでは、HA/DR の初動において、海上自衛隊は NGO とどのような関係を維持すればよいのであろうか。

　本章では、まず NGO に係る概念を整理し、次に、民軍協力に関し多くの実績を残し、その際の留意事項等を体系的に整理している米統合ドクトリンにおける民軍関係の要点を明らかにした上で、東日本大震災における NGO の活動実績と課題を分析し、最後に、海上自衛隊と NGO のあるべき関係について考察する。

6）　中村太、小柳順一「自衛隊と災害 NPO のパートナーシップ―アメリカの災害救援
　　をてがかりに―」『防衛研究所紀要』第 5 巻第 3 号、2003 年 3 月、25 頁。中村らは、防
　　災活動や災害救援を目的とする NPO を災害 NPO と略称している。

第1節　NGO の概念

　NGO（Non-Governmental Organization）は、非政府組織であり、主に国際協力を行う市民組織である。時代や国の状況によって、その定義は多様であり、米国では一般に「民間ボランティア組織（Private Voluntary Organization: PVO）」と呼ばれている。国際 NGO「プラン」や国際人権 NGO「ヒューマン・ライツ・ウォッチ」等、代表的な NGO を見れば判るように、明確な理念の下、その活動分野は人道、飢餓救済、環境等多様である[7]。もともとは、国連と民間団体との協議について定めた国連憲章第 71 条で使われたのが始まりと言われているが、第一次世界大戦後の国際的混乱状況下、政府または市民社会双方の要請で NGO が設立され、以後その活動は拡大している。1960 年代以降は世界的な開発援助の潮流から、時代のニーズを踏まえた NGO が飛躍的に成長している。NGO の活動資金は主として民間企業がもたらしており、設立資金や研究助成等柔軟性に富んだ協力をし、その額も年々増加している。

　次に、NPO（Non-Profit Organization）については、非営利組織で、主に国内の地域社会で活動する組織である。利益を目的としない組織であり、営利を目的とする企業とは対立をなす概念である。また、非営利の政府組織とも区別されるため、民間非営利組織と限定的に理解できる。NPO の組織的特徴も、その多様性にある。規模、法人格の有無、事業内容、活動地域、収入構造等、様々な点で、多様性が認められる。活動分野についても、人権や文化、環境、教育、医療、海外援助等、多彩である。企業が利益の追求を目的とするのに対し、NPO は利益を上げるのではなく、一定の理念の下、それぞれが目指す目標の実現のために活動している点に特徴がある。その目標は「ミッション」と呼ばれ、その内容を定義したものを「ミッション・ステー

　7）「プラン」は、1937 年に英国で設立され、68 か国で子供の保護、緊急支援を目的に活動し、地域の自立を目指している。「ヒューマン・ライツ・ウォッチ」は、1978 年にヘルシンキにおいて設立、世界の人々の権利と尊厳を守ってきた。1997 年にノーベル平和賞を受賞するとともに、2008 年のクラスター爆弾禁止条約の策定でも主導的役割を果たした。（http://plan-international.org、http://www.hrw.org.）

トメント」として明示しており、定期的に目標となる「ミッション」を確認しながら、活動している。

　NGO と NPO については、それぞれ非政府、非営利のボランティアであり、活動内容は基本的に同じである。つまり、政府でも企業でもない民間団体と言える。NGO と NPO という名称は、元来、幅のある概念であり、国際的にも正確な区別は難しい。そもそも、これらの概念は生じた背景が異なるため、明確な線引きができる対立概念というわけではなく、「非政府」である点を強調した場合が NGO であり、「非営利」である点を強調した場合が NPO と言うように理解できる。すなわち、実質的には、同様の組織体である。一般に、日本において、両者が使い分けられる場合には、国内で非営利の活動を行う民間団体を広く NPO と呼び、そのうち海外支援事業等、国家や国境を越えて非営利の社会的な活動を行う民間団体が NGO とされている。ここで、ボランティアとは、自発的な発意に基づいて、活動に対する金銭的な見返りを求めずに行なわれる社会的な活動、またはそのような活動に参加する人を意味する。すなわち、NPO とは組織を表した呼び名であるのに対し、ボランティアは、個人の活動または個人に対する呼び方ということができる。そして、NGO や NPO の活動にとって、ボランティアが重要な役割を担っているのである。したがって、本稿では NGO をこれらの組織団体の総称として使用する。

　国境を越えて活動する NGO の中で、人権、平和、環境、開発等、地球的規模での援助活動を行う民間団体について、特に国際協力 NGO と呼ぶことがある。国際化が進むとともに、こうした活動は増加しており、活動の場も広がってきている。年間予算が 20 億円を超えると言われているものから、数百万円以下という小規模な団体も多く存在する。

　また、環境 NGO と言われる自然保護やリサイクルに取り組む NGO の活動も、環境保護意識の高まりとともに活発化しており、有名な NGO としては「世界自然保護基金」や公益財団法人「日本自然保護協会」等がある[8]。

8） http://wwf.panda.org、http://www.nacsj.or.jp.

106 第8章 防衛省・自衛隊とNGO

こうした巨大な環境NGOが存在する一方で、地域社会に密着した小規模な
リサイクルグループも数多く存在する。1992年の地球サミットでは、政府
の対等なパートナーとして位置づけられ、社会的な地位を確立することとな
り、その後、1997年の地球温暖化防止京都会議では、環境NGOが大きな
役割を果たしたことは、よく知られている。

　さらに、特定非営利活動法人「国際協力NGOセンター（Japan NGO Center
for International Cooperation: JANIC）」や米国の「インター・アクション」等、
NGOの活動を取りまとめているNGOも多数存在している。JANICが発行
している「国際協力NGOダイレクトリー」には、民主的な意思決定機構が
あり、事業内容や財政状況等を公開し、1年以上の活動実績がある350以上
のNGOが掲載されている[9]。また、米国国際開発庁（United States Agency
for International Development: USAID）は、米国政府に国際協力NGOとして登
録しているNGOの事業規模や財務情報を集計し、「国際協力NGOレポー
ト（Report of Voluntary Agencies Engaged in Overseas Relief and Development:
VolAg Report）」として公表している[10]。

　これらから分かることは、NGOには共通して、確固たる理念があるとい
うことである。したがって、NGOは理念で動く組織と言え、また、それに
基づく確固たる「ミッション」を明示していることから、任務で動く組織で
ある海上自衛隊との共通項があると総括できる。

第2節　米統合ドクトリンにおける民軍関係

　9.11テロ以降、軍が紛争地において人道支援活動を実施することが顕著に
なってきており、米国では、人道援助の供与と復興支援が、政治的に決定的
な重要性を帯びるようになってきた[11]。それに伴って、NGOと軍の任務の

---

9 ）　国際協力NGOセンター（JANIC）「NGOダイレクトリー」、http://www.janic.org/
　　ngodirectory.
10）　USAID, *2016 VOLAG Report of Voluntary Agencies*, September 1, 2016, https://www.
　　usaid.gov/sites/default/files/documents/1866/Volag2016.pdf.
11）　Abby Stodard, "With us or against us?: NGO Neutrality on the line," *Humanitarian*

明確な切り分けは徐々に曖昧になってきている。NGOと軍との関係はいかなるスタンスを取るべきかという問題は、欧米、特にヨーロッパのNGO間で長年議論されてきた。アフガニスタン等の紛争地に展開するNGOとしては、「オックスファム（OXFAM）」や「セーブ・ザ・チルドレン（Save the Children）」が有名であり[12]、治安の確保にしても人員や物資の輸送にしても、軍とのかかわりを完全に避けて活動することが現実には難しくなってきている[13]。また、NGOと軍との関係が、日本のNGOにとって切実な問題となってきたのは、2003年に開始された軍民専門家チームを一体化させた新たな形態の「地域復興チーム（Provincial Reconstruction Team: PRT）」が活動するようになってからである。

このような状況を踏まえ、米国では軍の立場から厳格な指針を定めている。『統合ドクトリンJP3-29 海外における人道支援（Foreign Humanitarian Assistance）』によれば、パキスタン大地震のような大規模自然災害に対して米国は、国務省、国防省、USAIDが一体となって、災害救援に当たるように定められ、その中心的組織が統合軍指揮官であると規定されている[14]。そこでは、あくまでも被災国に対する支援は、補完的な立場であることと、災害救援の初動に優れ、災害救援に多くの経験を有するNGOとの調整及び協働の重要性が強調されている[15]。

米軍が、文民組織との関係に関する活動原則としてまとめたものが、2001年2月の『統合ドクトリンJP3-57 民軍活動のための統合ドクトリン（Joint Doctrine for Civil-Military Operations）』であり[16]、2013年9月の『統合ドクトリンJP3-57 民軍活動（Civil-Military Operations）』への改定において、民軍活

Exchange Magazine, issue 25, December 2003.

12) http://www.oxfam.org、http://www.savethechildren.org.

13) 大西健丞『NGO、常在戦場』徳間書店、2006年、239-240頁。

14) Joint Chief of Staff, *Joint Publication 3-29: Foreign Humanitarian Assistance,* January 3, 2014, http://www.jag.navy.mil/distrib/instructions/JP3-29FHA.pdf#search=%27Foreign+ Humanitarian+Assistance+%EF%BD%8A%EF%BD%90%EF%BC%93%EF%BC%8D%EF%BC%92 %EF%BC%99%27.

15) Ibid., p. I-1, pp. II-12-15.

16) Joint Chiefs of Staff, *Joint Doctrine for Civil-Military Operations,* February 08, 2001.

動を「軍が、文民組織（政府、NGO、現地当局、住民を含む。）との間に関係を確立し、維持し、影響力を行使し、またはこれを利用する指揮官の活動」と定義している[17]。

また、2005年11月、米国防総省指示（DOD Directive）3000.05「安定化、治安、移行及び復興作戦に対する軍事的支援（Military Support for Stability, Security, Transition, and Reconstruction: SSTR) Operations)」により、民軍協力の促進が指示されている[18]。

そして、2017年7月12日に改定された『統合ドクトリン JP1 米国軍ドクトリン (Doctrine for the Armed Forces of the United States)』は、米統合ドクトリンの総則的存在であり、統合作戦を実施するための指揮統制等がまとめられているが、その第2章には、省庁間調整、政府内調整とともに、NGO との調整について記載されている[19]。その核心は、統合軍指揮官は、単に他の組織との競合を減ずるだけではなく、時には他の組織の能力を引き出し、時には自己の能力を提供することにある。そして、NGO とは、作戦前及び作戦後を含む全作戦期間を通じて調整が必要としている[20]。

さらにその細部については、『統合ドクトリン JP3-08 組織間協力 (Interorganizational Cooperation)』によるとされている[21]。これは、2011年6月24日版では、『統合ドクトリン JP3-08 統合作戦における組織間調整 (Interorganizational Coordination During Joint Operations)』と調整であったが、2016年10月12日の改定により、協力とされており、全政府アプローチ、

---

17)　Joint Chiefs of Staff, *Joint Publication 3-57: Civil-Military Operations*, September 11, 2013, https://fas.org/irp/doddir/dod/jp3_57.pdf#search=%27Joint+Doctrine+for+CivilMilitary+Operations%27.

18)　U.S. Department of Defense, *Directive 3000.05: Military Support for Stability, Security, Transition, and Reconstruction (SSTR) Operations*, November 28, 2005.

19)　Joint Chiefs of Staff, *Joint Publication 1: Doctrine for the Armed Forces of the United States,* July 12, 2017, http://www.jcs.mil/Portals/36/Documents/Doctrine/pubs/jp1_ch1.pdf#search=%27Doctrine+for+the+Armed+Forces+of+the+United+States%29%27.

20)　Ibid., p. II-6-20.

21)　Joint Chiefs of Staff, *Joint Publication 3-08: Interorganizational Cooperation,* October 12, 2016, https://fas.org/irp/doddir/dod/jp3_08.pdf#search=%27Interorganizational+Coordination+During+Joint+Operations%27.

戦略的コミュニケーション、プライベートセクター、統合任務部隊等が付け加えられた。全体の構成は、第1章：序論、第2章：組織間協力、第3章：国内的考慮事項、第4章：対外的考慮事項であり、NGOについては、3か所にわたって記載されている。

まず、NGOは、危機に対して迅速かつ効果的に対応できる能力を有しているため、民間と軍がしなければならない労力を減らす、すなわち、部隊指揮官が作戦に専念できる余地が増えるとしている。そして、NGOと軍は、思想的な相違と異なった義務を有しているが、短期的目標は非常によく似ている。したがって、共通の土台を持つことが最重要であるとしている[22]。

また、国内的考慮事項においては、「国家災害ボランティア機関（National Voluntary Organizations Active in Disaster: NVOAD）」という組織が紹介され、そこでは、災害に対する準備、対応、復興というサイクルにおける知識と資源の分配を図っている[23]。

そして、対外的考慮事項としては、NGOの役割とNGOに対する軍の支援について論述し、NGOは、世界中の人道支援が必要なところにおいて支援をしており、特に自然災害については、国連人道問題調整事務所（UN Office for Coordination of Humanitarian Affairs: UNOCHA）の「オスロ・ガイドライン（Oslo Guidelines）」に基づいて、民軍関係を調整している[24]。

このように一連の統合ドクトリンでは、オスロ・ガイドラインをはじめとして人道主義の原則が厳格に規定されている。このガイドラインの経緯について分析してみると、1990年代以降、紛争地域や災害地域における民軍関係について、UNOCHAや赤十字国際委員会（International Committee of the Red Cross: ICRC）、関係するNGOを含んだ人道機関間常任委員会（Inter-Agency Standing Committee: IASC）等により、いくつかの指針やガイダンスが示されていることが分かる。

1994年5月、国連人道問題局（Department of Humanitarian Affairs: DHA）が

---

22) Ibid., pp. II-18-19.
23) Ibid., p. III-17.
24) Ibid., pp. IV-10-13.

中心となって、45 か国と 25 の国際機関が集まり、「災害救援における軍と民間防衛資産の活用に関するガイドライン（Guidelines On The Use of Foreign Military and Civil Defence Assets In Disaster Relief‒"Oslo Guidelines"）」[25] を作成した。「オスロ・ガイドライン」では、国際災害救援支援の際の迅速かつ効果的な軍及び民間防衛資産（Military and Civil Defence Assets: MCDA）の活用を行うための基本原則を定めており、2007 年 11 月に改定されている[26]。

また、2003 年 3 月には、UNOCHA が「複合緊急事態における国連人道活動のための軍と民間防衛資産の活用に関するガイドライン（Guidelines On The Use of Military and Civil Defence Assets To Support United Nations Humanitarian Activities In Complex Emergencies）」（以下、MCDA ガイドラインと言う。）を策定し、軍隊に協力を求める場合の 6 つの基準を示している[27]。2006 年 1 月に改定されている[28]。

①軍事的資産の使用要請は、政治的な当局からではなく、人道・現地調整官が人道上の配慮のみに基づいて決定する。

②軍及び民間防衛資産は、最後の手段として人道援助機関に利用される。つまり、軍事的資産は、文民の側に代替措置がない場合に、緊急の人道的ニーズを満たすために実施する。

③例え軍事的資産を活用したとしても、人道活動は文民の性格と特徴を保つ。軍事的資産は軍の統制下に残るものの、人道活動の全般的な権限と統制は人道援助機関が保持しなくてはならない。このことは、軍事的資産が文民の指揮統制下に入ることを意味しない。

④人道活動は、人道援助機関が実施しなくてはならない。軍事組織は人道

---

25) United Nations, DHA, "Guidelines On The Use of Foreign Military and Civil Defence Assets In Disaster Relief," May 1994.

26) Revision 1.1, Novemver 2007, https://library.cimic-coe.org/guidelines-on-the-use-of-foreign-military-and-civil-defence-assets-in-disaster-relief-oslo-guidelines/.

27) United Nations, OCHA, "Guidelines On The Use of Military and Civil Defence Assets To Support United Nations Humanitarian Activities In Complex Emergencies," March 2003, p.9.

28) Rivision 1, January 2006, https://www.humanitarianresponse.info/system/files/documents/files/mcda_guidelines_-_english_version.pdf.

活動を支援する役割はあるが、本来業務における人道援助機関と軍事組織の役割と任務を明確に差別化するため、可能な限り、直に人道援助を施してはならない。

⑤軍及び民間防衛資産を活用する際には、予め期限と規模を明確にし、今後どのように文民への移譲を進めていくのかを明らかにする。

⑥人道活動を支援するために軍事要員を派遣している各国は、国連行動規範（UN Codes of Conduct）と人道原則を遵守しなくてはならない。

さらに、2004年6月、IASCが発行した「複合緊急事態における民軍関係 ― IASC参考文書（Civil-Military Relationship In Complex Emergencies-An IASC Reference Paper-）」（以下、IASCペーパーと言う。）では、いかなる場合でも軍との関係には慎重を期さねばならないとした上で、同じ地域に存在する軍隊とどう関わっていくかを規定しており、次の13の原則が示されている[29]。

①人道主義、中立性、不偏性

②脆弱な人々への人道的なアクセス確保

③現地の人々からの認知

④差別を廃しニーズに基づいた支援

⑤人道的活動における民軍の峻別

⑥人道的活動における独立性の確保

⑦人道機関職員の安全確保

⑧相手に危害を与えないこと

⑨国際法の遵守

⑩現地の文化や慣習の尊重

⑪紛争当事者の合意

⑫軍への協力は最後の手段

⑬軍への依存回避

また、国連は、民軍間の連携協力を律した「国連シムコード（UN Civil-

---

29) United Nations, OCHA, "Civil-Military Relationship In Complex Emergencies - An IASC Reference Paper-," June 28, 2004, pp. 8-10, http://www.unhcr.org/refworld/docid/4289ea8c4.html.

Military Coordination: UN-CMCoord）野外ハンドブック」[30] を作成しており、人道活動が中立・公平原則に依拠しつつも、人道緊急事態において軍事組織が果たすべき役割があることを認めている。

　このMCDAガイドラインとIASCペーパーに共通しているのは、人道性と中立性と不偏性といった人道主義の原則に基づいていることである。そして、人道主義的対応をさらに進めるために、品質と説明責任への考慮を自主的規範として導入しているのが、「スフィア・プロジェクト（Sphere Project）」である[31]。1997年に、人道援助を行うNGOのグループと国際赤十字・赤新月運動によって、人道援助の主要部分全般に関する最低基準を定めるために開始され、その目的は、災害に影響を受けた人々へ提供される支援の質を向上し、説明責任を果たせるようにすることである。特に、人道対応期間に焦点を当て、被災者の緊急の生存ニーズを満たす行動を網羅し、広範な普及をねらっており、このスフィアの原理は、次の2つの信念に基づいている。

　第1に、災害や紛争の被災者には尊厳ある生活を営む権利があり、したがって、援助を受ける権利があること。

　第2に、災害や紛争による苦痛を軽減するために実行可能なあらゆる手段が尽くされるべきであること。

　この2つの信念に基づき、「スフィア・プロジェクト」は、人道憲章の枠組みを作り、生命を守るため、①給水・衛生・衛生促進、②食糧の確保と栄養、③シェルター・居留地・ノン・フードアイテム、④保健活動、からなる4つの主要セクターを定め、それぞれの最低基準を確認している。

　このように、米軍は統合ドクトリンや国連の各ガイドライン等において、NGOと軍の関係には厳格な人道主義の原則が貫かれており、また、NGO側も、より具体的な規定を有していることが分かる。

---

30)　United Nations, OCHA, "UN-CMCoord Field Handbook," v 1.0, June 2015, http://www.unocha.org/sites/dms/Documents/CMCoord%20Field%20Handbook%20v1.0_Sept2015.pdf.

31)　http://www.sphereproject.org.

第3節　東日本大震災における NGO の活動実績と課題

　それでは、NGO が具体的にどのような活動を実施することができるのか、東日本大震災を例にその活動実績と課題について分析してみる。東日本大震災による被害は想像を絶するもので、その対応は困難を極めた。海外の紛争や災害における緊急人道支援において NGO が培った経験・ノウハウは、東日本大震災においても、迅速かつ効果的な支援の原動力となった。地震と津波による被害は地方自治体等の組織機能を一部喪失させたが、国際協力 NGO「ジャパン・プラットフォーム（JAPAN PLATFORM: JPF)」が有するプラットフォーム機能が発揮した「つなぐ力」が、その状況を補完する上で大きな役割を果たした[32]。被災地の地方自治体、行政機関、民間企業、NGO 等と現場のニーズをつなぐことで、迅速かつ効果的に被災者へ支援が届けられるメカニズムが構築された。その中で大きな役割を果たしたのが、NGO であった。

　2011 年 3 月 11 日発災の翌日、JPF、「ピースウィンズ・ジャパン（peace winds JAPAN)」、「アドラ・ジャパン（ADRA JAPAN)」、「チャリティ・プラットフォーム（CHARITY PLATFORM)」がパートナーを組み、公益社団法人「シビック・フォース」を通じて、ヘリを被災地に飛ばした。その後、物資の配布や炊き出し、災害ボランティアセンターの運営等の多くを担った[33]。

　災害支援のプロフェッショナル NGO である「シビック・フォース」は、災害発生時に、一人でも多く、そして早期に救助するために、平素から行政、企業、NGO 等との緊急即応体制を進めている。その柱は、「ヒト」、「モノ」、「資金」、「サービス」を提供し合い、「調整」し協力関係を作っていくこととしている。例えば、ヒトでは、経験豊富な各種 NGO が参加すること、モノでは、水や食糧、衣糧、生活用品の提供、サービスでは、ヘリによるレスキュー隊、トラックによるロジスティック支援、医療のエキスパート派遣、トレーラーハウスやコンテナハウスの提供等を想定している。

32）　http://www.japanplatform.org.
33）　http://www.civic-force.org.

114 第8章 防衛省・自衛隊とNGO

　それでは、東日本大震災における NGO の主な活動実績について、物資支援、ボランティア派遣、保健・医療活動に分けて概観した上で、NGO 活動の課題について検討してみる。

(1) 物資支援

　特定非営利活動法人「アドラ・ジャパン」は、キリスト教精神を基盤とし、世界各地において人間の尊厳回復と維持を実現するため、国際協力を行っている[34]。その方法は、各国アドラ支部とパートナーシップを築きつつ、人種・宗教・政治の区別なく、全人的援助と自立を図る支援を継続していくことである。

　東日本大震災への対応は、アドラ設立以来、最大の事業規模となり、約9億5,400万円6事業を実施した。初動の対応としては、宮城県亘理郡山元町において、災害対策本部職員等約100人に対し炊き出し支援を実施した。また、生活必需品の提供については、宮城県東松島市等被災者4,320世帯、福島県田村市等9市町村延べ26,683世帯に実施し、福島県立小・中・高校を対象にした学校備品の提供や、自転車の寄付、制服支援等も行っている。さらに、宮城県山元町の仮設住宅住民1,030世帯等に対しては、被災地において共助を含めたコミュニティづくりのため、住民のニーズ把握や見守りの活動を実施している。

　これらの物資輸送には、移動手段が欠かせない。株式会社「高橋ヘリコプターサービス」は、官民が連携し、現場主導の態勢を構築するため「シビック・フォース」と連携した。東日本大震災では、支援の窓口となる地方自治体が被災し、機能の一部が喪失してしまったため、NGO は地方自治体をサポートしながら、同時に被災地のニーズに応えた。臨機応変な活動が可能な民間だからこそ把握できるニーズもあり、そのニーズに応えていくために、民間ヘリ会社を活用する意義も大きかった。

　中央政府、地方自治体、大企業、中小企業、NGO、それぞれに状況に応

---

34)　http://www.adrajpn.org.

じてできることが異なり、各得意分野を共有し合う関係づくりを、今後早急に作っていくことが重要である。

(2) ボランティア派遣

一般社団法人「ピースボート災害ボランティアセンター（PBV）」は、阪神淡路大震災後、15年以上にわたり、トルコ、台湾、パキスタン、新潟、四川省等における大地震、スリランカの大津波、ハリケーン「カトリーナ」等、世界中の自然災害被災地で緊急救援活動を行っている[35]。

これまでに蓄積された災害ボランティア派遣活動と国際緊急救援活動の経験を土台に、発災後、PBV は、いち早く大規模なボランティアを組織し、宮城県石巻市等において、炊き出しや泥かき、物資配布、避難所への支援等に当った。外国人ボランティアや企業ボランティア等も積極的に受け入れ、1日当たり約200人のボランティアにより、刻々と変わる現地ニーズに合わせた多様な支援活動を展開した。PBV は国境を越えた災害支援活動の担い手でもあり、すでに、世界約50か国から400人を越える国際ボランティアを受け入れている。

(3) 保健・医療活動

特定非営利活動法人「国際保健協力市民の会シェア」は、健康で平和な世界を全ての人とのわかちあう（シェア）ために、草の根の立場から行動を起こした医師・看護師・学生等が中心になり、1983年に結成された国際保健NGO である[36]。すべての人が心身ともに健康に暮らせる社会を目指し、保健医療支援活動を、タイ、カンボジア、東ティモール、南アフリカ、日本で進めている。

発災後、宮城県名取市での緊急支援の後、気仙沼市において自宅・避難所・仮設住宅への巡回訪問や健康相談を中心に、保健医療支援活動を行った。3月下旬気仙沼市において、地元の医師、介護事業者等や県外医療支援

---

35) http://pbv.or.jp.
36) http://share.or.jp.

116 第8章 防衛省・自衛隊とNGO

チームが協力して結成された「気仙沼巡回療養支援隊」の健康相談班に参加し、在宅被災者、主に高齢者や母子等を巡回訪問しての安否確認や健康相談、乳幼児健診の案内や在宅ケアの側面支援等を行った。6月からは仮設住宅、小規模避難所の訪問も開始した。巡回訪問で得られた安否情報及び健康相談の結果等を記録・整理し、気仙沼市の行政関係者をはじめ、地元の医療介護事業者とも情報を共有しつつ、ニーズに応じた支援を行った。

　特定非営利活動法人「チャリティ・プラットフォーム」は、心理臨床をライフワークとしており、2008年3月よりNPO法人「メンタルサポート・ネットワーク」の代表として、子育てに関わるメンタルケアを行っている[37]。発災後、福島県における育児中の母親のメンタルケア、全国6,000団体を超えるNGOとのコミュニケーション網、250社を超える企業と寄付先の懸け橋となっている。

(4)　NGO活動の課題

　これらの活動がどのようなNGOでも実施できるかといえば、決してそうではない。NGOの活動については、国際基準が厳格に定められており、その遵守度と実績が、一つの指標を与えてくれる。例えば、緊急時に即応する実働部隊（Implementation）と言える「ピースウィンズ・ジャパン」は、ICRCと国際的なNGOが協力してまとめた「国際赤十字・赤新月運動及び災害救援を行うNGOのための行動規範（Code of Conduct for the International Red Cross and Red Crescent Movement and NGOs in Disaster Relief）」に署名している[38]。これには、人道的見地を最優先する、政府による外交政策の手段として行動しない等の、援助に携わる者としての基本的な姿勢が示されている。また、「スフィア・プロジェクト」をはじめとする国際的に認められた援助の基準を参考にして事業計画を立て、援助の質を保つように努めている。

　いかなる組織も、実際に動かなければ機能しないのは当然のことである。

37）　http://www.charity-platform.com.

38）　http://www.ifrc.org/en/publications-and-reports/code-of-conduct.

第3節　東日本大震災におけるNGOの活動実績と課題　　*117*

　そのような観点から、一時的な混乱状態におかれた東日本大震災において、意志のある多数のNGO集団を組織として機能させる上で有効であったのが、様々な組織を受け入れるプラットフォーム機能である。

　ここで、NGOと日本政府、経済界が共同で設立した国際人道支援組織であるJPFの存在に着目してみる。JPFは、34のNGOが加盟し、海外で災害が発生した際、日本のNGOが緊急援助を迅速に展開できるよう主に資金面でサポートする団体で、ハイチやスリランカ、パキスタン等で救援実績がある。2000年の発足以降、37の国や地域で総額219億円による755の支援事業を実施してきた。

　東日本大震災においても、JPFは十分に機能した。資金も活動拠点もない中、JPFとして初となる大規模災害への国内出動であった。発災後から3時間と経たずに、JPFの加盟団体と企業へ支援開始の情報発信を始め、5時間後にはJPF加盟団体が東北に向けて走り出し、6時間後には企業から最初の支援金が届いた。支援金は想像を超えるスピードで集り、1か月後には20億円を超えている。また、2012年3月までの1年間で、約3千社の企業と約4万人の個人から、合計約70億円の支援金が集まり、すでにその80%はJPF加盟団体を通じて支援活動に活用されている。

　もともと、国際的プラットフォームの位置づけにあったJPFは、このように国内においても十分に機能したのである。そして、国内におけるNGOのプラットフォームである「シビック・フォース」は、東日本大震災で経験した「連携の力」を次の災害でも最大限活かすため、洋上救難や災害派遣のプロである海上自衛隊のような組織・関係者との連携を進めつつ、次の災害に向けた準備を進めている[39]。

　東日本大震災の被害は、未曾有のものであったが、世界に目を向けると、同種の緊急事態は多発している。これまで発展途上国の人々に限定して支援してきた国際協力NGOも、東日本大震災を契機に国内にも目を向けるようになり、NGOの活動は、より双方向かつ多角的になっている。JPFの設立

---

39)　「海上自衛隊との連携－救難飛行艇US-2の構造を知る」海上自衛隊幹部学校、2012年6月12日、http://www.civic-force.org/activity/activity-899.php.

118 第8章 防衛省・自衛隊とNGO

により、外務省、経団連、NGO、民間財団、学識経験者、メディアが一体となって緊急支援を行う枠組みが形成された。海上自衛隊も、こうした枠組みとの連携も積極的に検討すべきであり、緊急支援の重要な担い手であり、「つなぐ力」「連携の力」を有するNGOとの連帯感を深め、国民の理解を得る必要性がある。最も重要な課題は、これらの組織間の調整をどのようにとっていくかにあり、また政府や地方自治体の機能が喪失するような緊急事態において、いかに防衛省・自衛隊の能力が発揮、活用できるか、その存在意義が問われている。

第4節　HA/DR 初動における防衛省・自衛隊とNGO

「日本郵船は海運の資源とノウハウを生かし、『ジャパン・プラットフォーム』と組んで援助物資の無償輸送を行った。日本国内の企業・団体から提供された食糧、医療機器、生活用品など、合わせて6500万円分の物資が、日本郵船の船によってスリランカとインドネシアへ運ばれ、現場で活動するNGOの手で被災者に届けられた。」[40] これは、2004年のスマトラ沖地震に際しての「シビック・フォース」代表理事の大西健丞氏の言であり、ここに、HA/DRにおける海上自衛隊とNGOのあるべき関係の手掛かりを見出すことができるのではないであろうか。その核心は、いかにそれぞれの組織の資源とノウハウを活かすかにある。

(1)　HA/DR 初動時に必要なこと

HA/DRにおいて、NGOとともに活動する際、海上自衛隊に最も期待されている役割の第1は、海上プラットフォームの提供、すなわち、シー・ベーシング機能の発揮である[41]。大規模災害に伴い地方自治体機能が喪失し、

---

[40]　大西『NGO、常在戦場』237頁。
[41]　大規模災害におけるシー・ベーシングの有効性については、下平拓哉「東日本大震災における日米共同作戦−日米同盟の新たな局面−」『海幹校戦略研究』第1巻第2号、2011年12月、50-70頁。

陸上インフラが破壊され、現場へのアクセスが制限されるような混乱状態においては、海からのアプローチは極めて有効である。東日本大震災の教訓を踏まえれば、特に、津波によって陸から寸断された島嶼や半島部、孤立した地域に対するアクセスの確保には有効である。より具体的には、「ひゅうが」型、「いずも」型護衛艦であれば、生活インフラごと移動できるという災害時には最重要な機能を常時保有し、各組織間の調整を一元的に実施する司令部機能を有するとともに、自衛隊のみならず、警察や消防、NGO 等のヘリを一元的かつ集中的に運用することができる航空機基地機能を発揮することが可能であり[42]、HA/DR の初動において極めて有効である。

第2に、C4I 能力を活用しての情報共有である。多彩な経験とノウハウを有する NGO の初動の早さを全面的に活用し、特に被災者情報を正確に把握することが最重要である。大規模災害に際しては、国家を挙げての対応が求められ、防衛省・自衛隊も速やかに統合任務部隊（Joint Task Force）を編成する必要がある。しかしながら、調整機構の立ち上げに時間を要した場合、喫緊の初動対応に影響を及ぼしかねない。自国の安全を保つためには、自分の意志と力で速やかに対応することが必要であり、海上自衛隊は、初動において全力を投入し、早期に状況調査（Fact Find）を行うとともに、各組織に連絡員（liaison）を派遣することが肝要である。

(2) 現場力と地域力の融合

海上自衛隊が、現場の状況に応じて、海軍力の特性である即応性、柔軟性、自己完結性、機動性をいかんなく発揮する作戦能力は、現場においてともに活動する人々の能力と相まることによってはじめて生きた力、すなわち「現場力」とも言うべきものになるであろう。そして、その「現場力」とともに、合わせてその地域が有する潜在的な「地域力」を活性化させることが重要である。市民による自発的な行政参加や行政機関と市民団体による協働のまちづくりを推進するための原動力となる「地域力」が、今日ますます注

---

[42] 下平拓哉「『ひゅうが』型護衛艦を含む部隊運用コンセプト」『波涛』通巻第210号、2010年9月、63-67頁。

目されてきている。この「現場力」と「地域力」をつなぐ接着剤として期待できるのが、NGO である。軍とは中立性を保ちながら人道支援するというのが NGO の原則であるが、現実世界を考えた場合、軍との関係は避けては通れない問題となってきている。NGO に大きく貢献が期待できるものは、初動の速さとノウハウである。また、防衛省・自衛隊が対応できなかった部分をカバーできる相互補完関係にある。医療関係者や建築士等を含めたスタッフの派遣や訓練、想定プランの作成、また不足するヘリや船舶を活用した援助物資の輸送等も可能である。

(3) 動く組織の必要性

防衛省・自衛隊も、NGO も、ともに活動していく上で必要なことは、動く組織として活用することであり、限定された資源の中で一層の効率化を図ることである。東日本大震災の大きな教訓の一つは、予想外、想定外の事態にも備えなければならないということである。そのためには、「戦力外を戦力にする」着眼が必要である[43]。したがって、支援可能な組織には、自発的に、可能な期間に、可能な場所に、可能な範囲で参加すればよく、特に、初動においては支援内容や派遣地域のある程度の重複といった非効率性はやむを得ないものである。そして、迅速な初動の後には、早期に調整態勢を確立させていくことが重要である。HA/DR を調整する強力な司令部機能をマルチアクターによって構築し、数多くの組織を戦力化させ、調整していくことにより、拡張性のある重層的な方策を模索することが可能となる。

(4) 民軍協力の推進

最後に、民軍関係のギャップを埋めるために必要なことについてまとめてみる。第 1 に、人命救助第一という共通の価値観の共有である。多くの人命を救うためには、利益の増進とコストの削減を進めることが必要であり、そのためには民軍協力は不可欠である。民軍協力の可能性と限界として、活動

---

43) NGO「シビック・フォース」代表理事・大西健丞氏とのインタビューによる。2012 年 8 月 3 日。

期間が限定されていれば協力は容易であるが、活動期間が未定の場合、協力は難しくなる。活動地域が2004年のスマトラ沖地震のように被災地へのアクセスが悪く、軍事組織の輸送能力に頼らざるを得ない場合、必然的に民軍協力関係は構築されやすい。また、活動の枠組みが単純であれば、軍及び文民組織の利得構造は簡単であり、協力は容易であるが、活動の枠組みが複雑になれば協力も難しくなることに留意しなければならない。

　第2に、平素における軍の有用性とその有効活用である。軍の有用性が本来的に「戦争における勝利」から平素からの「国際秩序の維持」まで幅広く拡大する中で、HA/DRの問題は、軍事組織だけで解決できる問題ではなくなってきている。軍のアセットだけで対応することは不可能であり、文民組織との協力は必要不可欠である。しかしながら、多様なアクターが存在すればするほど、協力は難しくなる。だからこそMPAT（Multinational Planning Augmentation Team）のような多国間の取り組みを一元化するシステムや多国間訓練において[44]、平素から各国軍隊間の意思疎通を図る必要があり、これに国連、国際機関及びNGO等、関連組織が一体となって取り組むことが重要である。そして、これらを踏まえることによって、「任務の組織である防衛省・自衛隊」と「理念の組織であるNGO」の協働は達成することができるのである。

おわりに

　未曾有の大規模災害に際しては、国家を挙げての対応が求められる。もし、東日本大震災を上回るような事態が生起すれば、かつてない規模の支援が必要となるであろう。HA/DRにおいては、「必要な人に必要な支援を」実施することが基本であり[45]、防衛省・自衛隊のみでは限界があり、また防衛省・自衛隊のみの問題ではないことは明白である。今後、無限の潜在力

---

44) http://www.mpat.org. 米太平洋軍は、多国間協力を円滑に進めるための標準手続（Standing Operating Procedures: SOP）を策定している。

45) 大西『NGO、常在戦場』243頁。

122 第 8 章 防衛省・自衛隊と NGO

を有している NGO や企業の力が、新たな可能性を拓き、特に多様性を特徴とする NGO は、組織間の接着剤として大いに期待できる。

HA/DR における防衛省・自衛隊と NGO の関係とは、民軍関係のギャップを乗り越えて協働することにより、防衛省・自衛隊が発揮する「現場力」と地域が有する「地域力」を融合させることができるところにある。そして、変化する現場のニーズを正確に捉え、国家の総力を最大限かつ効率的に発揮できるように、時間的、地理的、能力的に柔軟に役割分担をしていくことが肝要である。

海上自衛隊に最も期待されていることは、長年培った「現場力」を発揮することであり、その根源が、海上プラットフォームにある。今後は、インド太平洋地域における大規模災害発生時に、各国・地域の企業、NGO、行政が各組織の壁を越えて連携することで、それぞれが持つヒト、モノ、資金、情報を各国間で共有・活用し、より迅速で効果的な支援を目指す組織体である「アジアパシフィックアライアンス（Asia Pacific Alliance for Disaster Management: A-PAD)」[46]との連携も模索していくことが必要であろう。そして、HA/DR の実効性を高めるためには、リアリティある空間での訓練こそが必須なのである。

---

[46] 2012 年 10 月 22 日〜25 日に、インドネシアで実施された「第 5 回アジア防災閣僚級会議」において、NGO「シビック・フォース」代表理事の大西健丞氏が提案、現在、日本、韓国、インドネシア、フィリピン、スリランカ、バングラデシュの 6 か国がメンバーとなっている、http://www.civic-force.org/asia-pacific/apa/.

第IV部
新たな安全保障アプローチ

第9章　トランプ政権の
インド太平洋安全保障政策と日米同盟

はじめに

　トランプ（Donald Trump）米大統領によるツイッターを通じての発信は、歴代米大統領には見られることがなかった大きな特徴であるが、米国中のみならず、世界中を揺るがせ、その政治姿勢が耳目を集めなかった日はない。スタンフォード大学フーバー研究所（Hoover Institution）のファーガーソン（Niall Ferguson）上級フェローによれば、トランプ大統領の国際秩序に関する考え方は、すこぶる不安定との評価を下している[1]。

　しかしながら、不安定の中にあっても明確なことがある。それは、2017年1月20日の就任以来、トランプ大統領は「アメリカ・ファースト（America First）」を掲げ、環太平洋パートナーシップ協定（Trans-Pacific Partnership Agreement: TPP）や気候変動抑制に関するパリ協定からの離脱を表明するなど、オバマ（Barack Hussein Obama II）前政権を徹底して非難していることと、国際主義に対する嫌悪が根強いことである。

　確かに、オバマ政権の2009年から2017年を振り返ると、中国軍の能力向上は目を見張るものがあり、南シナ海への進出が明らかとなり、米国の中国に対する政治姿勢は時に弱腰と映った。多くの軍事専門家が拡大・活発化する中国の軍事的活動に警鐘を鳴らす一方で、中国は、「一帯一路」構想を提唱し、アジアインフラ投資銀行（Asian Infrastructure Investment Bank: AIIB）を設立、G20や気候変動への積極的な取り組みを通じて、グローバルな課題に貢献する姿勢を示している。それとともに、成長するインド太平洋地域に

---

1 ）　Niall Ferguson, "Donald Trump's New World Order," *The American Interest*, Vol. XII, No. 4, March/April 2017, pp. 37-47.

おいて、米国の存在感は確実に薄くなってきているとの問題意識が政権内外に根強く存在しているのである。

ところが、インド太平洋地域におけるもう一つの不安定要素である北朝鮮の核・ミサイル開発の実効性が明らかになるにつれ、トランプ政権のインド太平洋地域に対する政治姿勢は徐々に変化していくこととなる。なぜならば、2017年4月6日、習近平中国国家主席との米中首脳会談の最中、トランプ大統領は、シリアのアサド（Bashar Hafez al-Assad）政権が自国民に対して化学兵器を使用したと判断するや否や、シリア空軍基地に限定的な軍事攻撃を実施するなど、オバマ政権との違いを明らかなものとしたけれども、北朝鮮の核・ミサイル問題が大きくなるほど、中国との関係がより重要な要素として絡んでいるからである。

日本が位置するインド太平洋地域において、北朝鮮、中国、そして米国をめぐってのパワーゲームがより深刻となっている。日本、インド太平洋地域、そして国際社会の平和と安定に係る安全保障問題は、トランプ大統領の安全保障政策によって大きく左右され、地域秩序や国際秩序作りに大きな影響を与えることとなる。

ハーバード大学のアリソン（Graham Allison）教授は、増大するアテネの軍事力を恐れるあまりにスパルタがペロポネソス戦争を招いたような「ツキジデスの罠」に米中が陥る可能性を危惧し、米国は中国に対する理解を深めることが必要で、対話の重要性が高まっていると強調している[2]。確かに、トランプ大統領のツイッターを見れば、一見、考えの乏しい激しい言葉の応酬と捉えがちではあるが、北朝鮮問題とインド太平洋地域における安全保障秩序問題を俯瞰すれば、実業家らしい現実的な政策を垣間見ることができる。

本章では、トランプ政権のインド太平洋地域における安全保障政策の重点がどこにあるのか、この1年を振り返って明らかにする。まず、トランプ政権内部の現状を踏まえ、米中が衝突する恐れがある北朝鮮問題及びインド太

2）　Graham Allison, "China vs. America: Managing the Next Clash of Civilizations," *Foreign Affairs*, Vol. 96, No. 5, September/October 2017, pp. 80-89.

平洋地域における安全保障秩序問題を中心に分析することによって、トランプ政権のインド太平洋安全保障政策の重点を明らかにし、最後に日米同盟の深化について考察を加える。

第 1 節　混迷を深めるトランプ政権

　トランプ大統領のホワイトハウス内は、依然として、迷走、混乱の惨状を呈している。就任わずか 1 週間で、トランプ大統領の移民政策に批判的であったイエイツ（Sally Yates）司法長官代行が解任されたのを皮切りに、2 月にロシアゲート疑惑をめぐってフリン（Michael Flynn）大統領補佐官（国家安全保障問題担当）が、5 月にコミー（James Comey, Jr）連邦捜査局（FBI）長官が辞任。7 月にはスパイサー（Sean Spicer）大統領報道官、プリーバス（Reinhold Priebus）大統領首席補佐官、スカラムッチ（Anthony Scaramucci）広報部長、そして 8 月には信頼の厚かったバノン（Stephen Bannon）首席戦略官等の解任・辞任により、安全保障や経済等の主要政策分野における人員が致命的に不足している[3]。

　政治任用については、連邦政府全体で 3,500 名以上が新たに政治任用で雇用され、約 1,100 名以上は上院の承認が必要であるが、その承認審議等の手続きに数か月かかる可能性がある。政権発足から 200 日を経過した 8 月上旬において、トランプ大統領による指名は 277 名で承認は 124 名であり、表 1

表 1　政権発足 200 日後の政治任命職の指名及び承認状況

政　　権	指　　名	承　　認
トランプ	277	124
オバマ	433	310
G.W. ブッシュ	414	294
クリントン	345	252

（出所）Partnership for Public Service 等のデータに基づき筆者作成[5]

3）「トランプ政権を去った人物リスト　在任 10 日はもう 1 人いた」『ニューズウィーク日本版』2017 年 8 月 1 日、http://www.newsweekjapan.jp/stories/world/2017/08/101.php.

に示すとおり、オバマ政権の同時期に比べて大幅に遅れている[4]。

特に、国防総省は 15 名、国務省では 24 名の承認に留まり、安全保障担当官庁はガラガラ状態であり、トランプ政権全体としても要所に人材を欠いている状態である[6]。

日本貿易振興機構アジア経済研究所の白石隆所長は、衝撃的なトランプ政権の誕生により、不確実性の時代に入ったと表現しているが、安全保障政策については、マティス（James Mattis）国防長官、マクマスター（Herbert McMaster）大統領補佐官（国家安全保障問題担当）らに一定の自由裁量の余地を与えていると分析している[7]。また、北海道大学の遠藤乾教授も、バノンなき後のトランプ政権の中枢は、大統領側近に登用された軍人たちの規律によって、今後制御が利いていくのかもしれないと指摘している[8]。

マティスは、国家安全保障問題において鍵となる人物と高く評価されており[9]、マクマスターも、2014 年に『タイム（TIME）』誌における最も影響力のある人物 100 に数え挙げられるほどその影響力は絶大である[10]。プリーバスに代わって就任した前国土安全保障長官のケリー（John Kelly）大統領首席補佐官にも大きな期待がかかっている[11]。

これら高級軍人たちによる政権運営とともに、トランプ大統領から「何でも長官（Secretary of Everything）」と呼ばれているクシュナー（Jared Kushner）上級顧問[12]とイバンカ・トランプ（Ivanka Trump）大統領補佐官の影響が大き

---

4) Partnership for Public Service, https://ourpublicservice.org/index.php.

5) "Where, oh where, are all Trump's political appointees?," *The Washington Post*, August 25, 2017.

6) 「ホワイトハウス『人物図鑑』」『選択』2017 年 9 月、12-15 頁。

7) 白石隆「衝撃的なトランプ政権　米国と不確実性の時代」『アジア時報』2017 年 9 月号（通巻 529 号）、2-5 頁。

8) 遠藤乾「トランプが触れたアメリカのタブー」『中央公論』2017 年 10 月、19 頁。

9) Missy Ryan, Philip Rucker, and Thomas Gibbons-Neff, "Among Trump aides, Mattis emerges as a key voice on national security issues," *The Washington Post*, April 28, 2017.

10) Dave Barno, "The 100 Most Influential People: Major General Herbert Raymond McMaster," *TIME*, April 23, 2014, http://time.com/collection-post/70886/herbert-raymond-mcmaster-2014-time-100/.

11) Michael Duffy, "Country First: Why Four-Star Marine General signed up to save the foundering Trump Presidency," *TIME*, August 21, 2017, pp. 22-27.

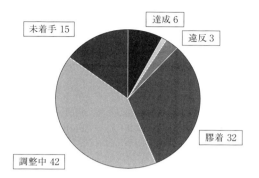

図1　トランプ政権の公約達成度

（出所）POLITIFACT を基に筆者作成。2017 年 10 月 30 日現在。数字は件数

いのが特徴である。

　米フロリダ州の地方紙「タンパ・ベイ・タイムズ（Tampa Bay Times）」の web サイト「ポリティファクト（POLITIFACT）」は、トランプ政権の政策公約の達成度について継続して調査しており、医療保険改革（オバマケア）撤廃や不法移民対策等、図1に示すように、101 件中 32 件が膠着状態であると評価している[13]。

　また、トランプ政権の移民、ヘルスケア、エネルギー・環境、ビジネス・経済に対する影響に関しては、ロイター（Reuters）が「トランプ効果（The Trump Effect）」という特集に組んで継続的に評価しており[14]、それぞれの政策の達成度を一様に評価はできないものの、実績は確実に上がってきている。

　その一方で、ギャラップ（Gallup）の世論調査によれば、2017 年 10 月のトランプ大統領の支持率は、支持 36％に対し、不支持 59％と低迷が続いて

---

12) "Trump's Secretary of Everything: Jared Kushner," *CNNPolitics*, April 4, 2017, http://edition.cnn.com/2017/04/03/politics/jared-kushner-donald-trump-foreign-policy/index.html.

13) "Trump-O-Meter," *POLITIFACT*, October 20, 2017, http://www.politifact.com/truth-o-meter/promises/trumpometer/.

14) "Follow Trump's Impact," Reuters, http://www.reuters.com/trump-effect.

おり[15]、依然として国民の不信感は拭えず、トランプ政権は混迷している
と判断できる。

第2節　北朝鮮問題

　このような混迷を深めるトランプ政権にあって、その真価が試されるの
は、オーストラリア戦略政策研究所（Australian Strategic Policy Institute: ASPI）
のレポートによれば、増大する北朝鮮の核問題と東南アジアにおける米国の
同盟、多国間関係にどう対応するかが大きな問題であると分析している[16]。
確かに、現在のインド太平洋地域の安全保障問題において喫緊の問題の一つ
が北朝鮮問題であり、そして台頭著しい中国が大きなアクターであることは
間違いない。したがって、本稿においては、北朝鮮問題とアジア太平洋地域
における安全保障秩序に対する米国の安全保障政策を分析し、その特徴につ
いて明らかにする。

　まず、北朝鮮問題については、インド太平洋地域のみに留まらず、国際社
会における最大の懸念の一つであることは疑う余地はないであろう。北朝鮮
は2016年に2回の核実験を行い、20発を超える弾道ミサイルを発射するな
ど、その核・ミサイルの開発や運用能力の向上は、日本はもとより、地域及
び国際社会に対する新たな段階の脅威となっている[17]。2017年9月6日、
北朝鮮は第6回目の核実験を強行したが、過去最大級の規模であり、さらに
北朝鮮はこれを水爆と主張していることから緊迫の度合いが一層高まった。

　2017年9月19日、トランプ大統領は、国連総会で初の国連演説を行い、
北朝鮮の金正恩委員長を「ロケットマン」と呼び、「米国や同盟国を守らな
ければならないとき、米国は北朝鮮を完全に破壊せざるを得ない。」「ロケッ
トマンは自殺任務に突き進んでいる。」[18]と、世界に向かって行動に出る用

---

15)　"Gallup Daily: Trump Job Approval," *Gallup News*, October 30, 2017, http://news.
　　gallup.com/poll/201617/gallup-daily-trump-job-approval.aspx.

16)　William T Tow, "Trump and strategic change in Asia," *Strategic Insight, ASPI*, January
　　2017, p. 3.

17)　防衛省『平成29年度版　防衛白書』65頁。

第2節　北朝鮮問題　*131*

意があると警告した。

　これに対して、外交専門ジャーナリストのライト（Robin Wright）氏は、トランプ大統領が、戦争ドクトリンを披露したと表現し、国連総会には参加しなかった中国の習近平国家主席やロシアのプーチン（Vladimir Putin）大統領、そしてイランに対しても、米国の強いメッセージを送ったと評価している[19]。

　しかしながら、トランプ大統領の「砲火と怒り」や金正恩委員長の「ソウルとワシントンを火の海に」といった過激な言動の応酬は、取り消しのつかない核戦争への危機感が払拭できない。軍事ジャーナリストのリックス（Thomas Ricks）氏が唱えるように、まずは先制核使用をしないことを世界的に順守することが肝要であろう[20]。

　また、米国で人気を誇るスレート（Slate）誌コラムニストのカプラン（Fred Kaplan）氏によれば、米軍は、北朝鮮を攻撃できないと分析している。カプランは、1969年4月15日に米海軍早期警戒機 EC-121 が北朝鮮のミグ戦闘機に撃墜され、乗員31名全員が死亡した事件を引き合いに、本格的な攻撃により現在の北朝鮮の軍事力を一挙に壊滅させない限り、ほぼ確実に北朝鮮からの報復攻撃を招くとともに、そもそも北朝鮮の完全な破壊など不可能であると分析している[21]。

　米国は、シリア、イラク、アフガニスタンにおいて陸軍等による地上部隊の活動のみならず、連日のように空爆を続けている[22]。つまり米国は、実

---

18)　White house, *Remarks by* President Trump to the 72nd Session of the United Nations General Assembly, September 19, 2017, https://www.whitehouse.gov/the-press-office/2017/09/19/remarks-president-trump-72nd-session-united-nations-general-assembly.

19)　Robin Wright, "Donald Trump's War Doctrine Debuts, at the U.N.," *The New Yorker,* September 19, 2017, https://www.newyorker.com/news/news-desk/donald-trumps-war-doctrine-debuts-on-the-world-stage.

20)　Thomas Ricks, "The scariest article I have read in some time: Nuclear war is becoming thinkable, especially on the Korean peninsula," *Foreign Policy*, May 23, 2017.

21)　Fred Kaplan, "Déjà vu in North Korea," *Slate, War Stories, Military Analysis,* September 27, 2017, http://www.slate.com/articles/news_and_politics/war_stories/2017/09/what_happened_after_north_korea_shot_down_a_u_s_plane_in_1969.html.

質上すでに、南西アジアと中東の2正面作戦に入っているのである。北朝鮮の核・ミサイル問題が25年以上も続き、どの政権も攻撃に踏み切らなかったのはそれなりの理由があると判断できる。

キッシンジャー（Henry Kissinger）が名誉会長を務め、現実主義的な立場を貫いている『ナショナル・インテレスト（The National Interest）』誌のバート（Richard Burt）氏によれば、北朝鮮はトランプにとって最大の取引材料であり、また、北朝鮮がどのように出ようとも、長期的には、中国がインド太平洋地域における米国の経済的、政治的、軍事的利益に挑戦すると分析している[23]。

同様に、ハドソン研究所（Hudson Institute）のワインスタイン（Kenneth Weinstein）所長は、中国が為替操作と低賃金労働を利用して米国の製造業を破壊し、同時に大規模な軍拡を成し遂げたと考えており、中国は米国にとって長期的かつ主要な戦略的脅威となるため、トランプ大統領には、より強硬な新たなアプローチが必要と指摘する[24]。

2017年4月17日、訪韓中のペンス（Michael Pence）副大統領は、過去の米政権が「戦略的忍耐（Strategic Patience）」の政策をとるなかで、北朝鮮が核やミサイルの実験を続けてきたことを指摘し、戦略的忍耐の時代は終わったと宣言した[25]。しかし、現実は、対話と圧力を軸として、中国の役割に期待を示すという立場へと変化せざるを得ず、すなわち米国にとっての北朝鮮問題は本質的には中国問題となっているのである。そして、トランプ政権は、中国の大国化を踏まえて、北朝鮮問題に対してより現実的な取引を進め

---

22)　Andrew deGrandpre and Shawn Snow, "The U.S. military's stats on deadly airstrikes are wrong. Thousands have gone unreported," *Military Times*, February 5, 2017, https://www.militarytimes.com/news/your-military/2017/02/05/the-u-s-military-s-stats-on-deadly-airstrikes-are-wrong-thousands-have-gone-unreported/.

23)　Richard Burt, "A Grand Strategy for Trump," *The National Interest*, No. 149, May/June 2017, pp. 5-8.

24)　ケネス・ワインスタイン「政権を支えるキーパーソンは誰か」『外交』Vol. 49, March/April 2017, 18-19 頁。

25)　「『戦略的忍耐の時代は終わった』北朝鮮問題で米副大統領」BBC News Japan, 2017年4月17日、http://www.bbc.com/japanese/39618770.

ているのである。

第3節　インド太平洋地域の安全保障秩序

　神奈川大学の佐橋亮准教授は、トランプ大統領に中国に対するビジョンはなく、アジアの秩序は揺さぶられていると危機感を顕わにしている[26]。また、トランプ大統領の外交・安全保障政策は不透明でよくわからないと一般的に言われるが、一概にそう断定もできないであろう。確かにインド太平洋地域のみならず、国際社会は、トランプ政権によって揺さぶられてはいるが、特に、インド太平洋地域における安全保障秩序作りについては、その政策を明らかにし、オバマ政権からの継続性を読み取ることができる。

　2016年4月27日、ワシントンD.C.に所在するシンクタンク・国益センター（Center for the National Interest）において、大統領就任前のトランプ氏は、「外交について（On Foreign Policy）」と題し、その外交政策について具体的に説明している。これまでの冷戦後の外交政策は、無駄が多く、方向性が定まらず、信頼がおけず、効果的ではなかったと評価した上で、軍事力と経済力を再建することによって、過激なイスラムの拡散を抑制し、合理的な新たな外交政策を作っていくと明言した[27]。

　特に、インド太平洋地域における安全保障政策については、より明確である。「力による平和（Peace Through Strength）」を掲げ、米国そして同盟国とパートナー国の国益のために、アジア太平洋地域における更なる安定を追求することを明言している[28]。

　そして、2017年6月3日、シンガポールで実施されたアジア安全保障会

---

[26]　佐橋亮「トランプのビジョンなき対中外交　揺さぶられるアジアの秩序」『中央公論』2017年10月、124-131頁。

[27]　Donald J. Trump, "Trump on Foreign Policy," *The National Interest,* April 27, 2016, http://nationalinterest.org/feature/trump-foreign-policy-15960.

[28]　Alexander Gray and Peter Navarro, "Donald Trump's Peace Through Strength Vision for the Asia-Pacific," *Foreign Policy,* November 7, 2016, http://foreignpolicy.com/2016/11/07/donald-trumps-peace-through-strength-vision-for-the-asia-pacific/.

134 第9章　トランプ政権のインド太平洋安全保障政策と日米同盟

議（シャングリラ・ダイアローグ：Shangri-La Dialogue）において、マティス国防長官がトランプ政権の考えを明らかにしたことは注目に値する[29]。

第1は、変化よりも継続性を重視していること。まず、マティス国防長官は、トランプ政権は、「法の支配」する秩序に基づいた政策を採ることを強調したが、これは2016年6月に同じくシャングリラ・ダイアローグでオバマ政権のカーター（Ash Carter）国防長官（当時）が主張した「原則にも基づいた安全保障ネットワーク（principled security network）」を引き継いだ同趣旨のものである[30]。また、マティス国防長官が示した3つの柱、すなわち、同盟の強化、地域連携の強化、米軍事力の構築は、オバマ政権のリバランス政策と同様である。

第2は、「アジア太平洋安定構想（Asia-Pacific Stability Initiative）」である。もともとは、マケイン（John McCain）上院議員が提唱したもので、アジア太平洋地域の同盟国及びパートナー国のために軍需品の提供やインフラストラクチャーの整備等の様々な目的に使用できる75億ドルの予算をつけるものである[31]。これは、2015年5月のシャングリラ・ダイアローグでオバマ政権のカーター国防長官（当時）が初めて明らかにした「東南アジア海洋安全保障構想（Southeast Asia Maritime Security Initiative：MSI）」[32]を補足する位

---

29)　U.S. Department of Defense, "Remarks by Secretary Mattis at Shangri-La Dialogue," June 3, 2017, https://www.defense.gov/News/Transcripts/Transcript-View/Article/1201780/remarks-by-secretary-mattis-at-shangri-la-dialogue/.

30)　U.S. Department of Defense, "Remarks by Secretary Carter and Q&A at the Shangri-La Dialogue, Singapore," June 5, 2016, https://www.defense.gov/News/Transcripts/Transcript-View/Article/791472/remarks-by-secretary-carter-and-qa-at-the-shangri-la-dialogue-singapore/.

31)　David Brunnstrom, "McCain proposes $7.5 billion of new U.S. military funding for Asia-Pacific," *Reuters*, January 24, 2017, https://www.reuters.com/article/us-usa-asia-mccain/mccain-proposes-7-5-billion-of-new-u-s-military-funding-for-asia-pacific-idUSKBN15802T.

32)　U.S. Department of Defense, "IISS Shangri-La Dialogue: "A Regional Security Architecture Where Everyone Rises, As Delivered by Secretary of Defense Ash Carter, Singapore," May 30, 2015, https://www.defense.gov/News/Speeches/Speech-View/Article/606676/iiss-shangri-la-dialogue-a-regional-security-architecture-where-everyone-rises/.

置づけにあり、インド太平洋地域における海洋安全保障に係る政策も、オバマ政権からの継続性を読み取ることができる。また、このMSIは、2015年11月25日に成立した「2016会計年度国防授権法（National Defense Authorization Act for Fiscal Year 2016)」の1263条において、インドネシア、マレーシア、フィリピン、タイ、ベトナムの海洋安全保障能力及び海洋領域認識能力を向上させることが明記されている[33]。

第3は、インド太平洋地域に対しては、一国主義よりも包括的なアプローチを採っていることである。インド太平洋地域においては、北朝鮮が明白で現実的な脅威を与えているとし、同盟関係の構築が最優先課題であり、かつ関係国に自らの安全保障への多大な寄与を求めている。特に、中国については、南シナ海における軍事活動は容認しない姿勢を堅持しつつも、中国の北朝鮮の核・ミサイル開発を抑制させる努力については評価を加え、北朝鮮問題をめぐって協調的関係にあることを示した。

このように、トランプ政権のインド太平洋政策は、前オバマ政権との意外な継続性を見て取ることができる。トランプ政権は、インド太平洋地域における安定した安全保障秩序作りを目標に、「法の支配」を手段として、新たなかつ最大の脅威となっている北朝鮮問題に関して、中国との協調といった取引を考えているのである。

第4節　インド太平洋政策の重点と日米同盟

北朝鮮問題とインド太平洋地域における安全保障秩序作りにおける米国の政策を見れば、トランプ政権のインド太平洋安全保障政策の重点は、オバマ政権の非難でもなく、国際主義への嫌悪でもなく、中国との協調を手段とした取引を自由に行うことである。もちろん、すべてが、米中協調であるはずもなく、特に経済面においては多くの政策調整が必要な案件が山積している

---

33) National Defense Authorization Act for Fiscal Year 2016, November 25, 2015, https://www.gpo.gov/fdsys/pkg/PLAW-114publ92/pdf/PLAW-114publ92.pdf#search=%27National+Defense+Authorization+Act+for+Fiscal+Year+2016%27.

が、安全保障面においては、現実的な協調路線にある。

トランプ政権の「アメリカ・ファースト」を分析した興味深いレポートが、シドニー大学の米国研究センター（The United States Studies Centre）から出されており、トランプ政権のアジアに対するアプローチの特徴として、次の3点にまとめている[34]。

第1は、中国に対する対立的な態度

第2は、アジアの同盟国に対する支援的ながら取引的な態度

第3は、リバランス政策における軍事優先

取引という政治姿勢、そして軍事を手段として使用するという点において、トランプ政権のアジアへのアプローチの分析は的を射ていると考えられるが、北朝鮮問題とインド太平洋地域における安全保障秩序の観点からは、中国に対してすべて対立的ではなく、協調的態度を取引として使っていると解したほうがより適切であろう。

また、アジア国際戦略研究所（IISS-Asia）のハックスレー（Tim Huxley）事務局長によれば、トランプ大統領は、多国間主義に興味がなく、不安定性を作り出し、その不安定な指導力が継続すると予測している[35]。

指摘のとおり、現在のインド太平洋地域は不安定であり、かつトランプ大統領の指導力についても不安定感があるのが現実であり、将来にわたってその不安定性の懸念があるのも否めない。しかしながら、「アメリカ・ファースト」のスローガンに引きずられてトランプ大統領が多国間主義に興味がないわけではないであろう。米国の国益を中心におきつつ、中国との協調もアジア太平洋地域諸国との多国間関係も、取引上の手段なのである。

最後に、トランプ政権のインド太平洋安全保障政策の重点を踏まえて、日米同盟について考察を加えてみる。2017年2月3日、マティス国防長官が就任後、最初の訪問国の一つとして日本を選んだことは、日米同盟を重視し

---

34)　Ashley Townshend, "America First: US Asia Policy Under President Trump," *The United States Studies Center at the University of Sydney,* March 2017, p. 2.

35)　Tim Huxley and Benjamin Schreer, "Trump's Missing Asia Strategy," *Survival,* vol. 59, no. 3, June-July 2017, pp. 81-82.

ていることを象徴している。そしてマティス国防長官は、安倍総理への表敬において、北朝鮮の核・ミサイル開発は断じて容認できず、日米、日米韓の安全保障協力による抑止力・対処力を高めていくことが重要であること、そして、尖閣諸島は日本の施政の下にある領域であり日米安全保障条約第5条の適用範囲であることを確認した上で、日米両国は、地域の平和と安定のため、一層連携して取り組むことで一致した[36]。

2017年2月10日には、ワシントンD.C.において、安倍総理とトランプ大統領は最初の日米首脳会談を行った。「揺らぐことのない日米同盟」と表現されたように、日米同盟はアジア太平洋地域の平和、繁栄及び自由の礎であり、日米同盟及び経済関係を一層強化するための強い決意を確認した。そして、共同声明においては、米国がアジア太平洋地域においてプレゼンスを強化するとともに、日本が日米同盟において大きな役割と責任を果たすことを明らかにした[37]。

さらに2017年8月17日、ワシントンD.C.において、外務・防衛の四閣僚が一堂に会し、約2年4か月ぶりに日米安全保障協議会（日米「2+2」）が開催され、日米同盟の抑止力・対処力を一層強化する取組を進めること、日本の役割・責任の拡大、韓国、豪州、インド、東南アジア諸国との安全保障・防衛協力の推進、そして宇宙・サイバー分野といった日米同盟の新たなフロントにおける協力を着実に推進させることで一致した[38]。

このように、トランプ大統領が就任後1年も満たないうちに、速やかに日米同盟の重要性を確認し、矢継ぎ早に一層の連携と一層の強化について合意し、そして日本の役割と責任が大きいことを明らかにしている。

キャノングローバル戦略研究所の瀬口清之研究主幹は、米国における独自調査を踏まえ、「トランプ政権はグローバル問題を軽視しているのではなく、

---

36) 外務省「マティス米国国防長官による安倍総理大臣表敬」2017年2月3日、http://www.mofa.go.jp/mofaj/na/st/page3_001984.html.

37) 外務省「日米首脳会談 共同声明」2017年2月10日、http://www.mofa.go.jp/mofaj/files/000227766.pdf.

38) 外務省「日米安全保障協議委員会（日米「2+2」）」2017年8月17日、http://www.mofa.go.jp/mofaj/na/st/page4_003205.html.

その解決方法の変更を目指すと同時に、各国に応分の協力を求めている。」[39] と分析しているが、トランプ政権下では、様々な交渉分野の取引における新たな日米協力のあり方を見直ししていくことが必要となってきている。

インド太平洋地域の安全保障を考えていく上で、日本の役割と責任が今ほど大きくなっているときはないであろう。2014 年 5 月 30 日、安倍総理は、シャングリラ・ダイアローグに出席し、日本の総理として初の基調演説を行った。インド太平洋地域の安全保障問題を論じる最も発信力のある舞台において、「アジアの平和と繁栄よ、永遠（とこしえ）なれ。」と、アジア・太平洋、そしてインド洋と広がる偉大な成長センターを視野に、日本として「法の支配」をインド・アジア・太平洋地域に根付かせることに貢献することを明らかにした[40]。日本は、この「法の支配」をどのようにインド太平洋地域に根付かせることができるのか、そして、どのように「法の支配」を中国に理解させていくのか。まさに国際社会における日本の真価が問われているのである。そのために、インド太平洋地域諸国に、少しずつ丁寧に、「法の支配」の重要性と必要性について説明し、地域に定着させていくことが第一歩である。

おわりに

ジョンズホプキンス大学のブランド（Hal Brands）教授は、米国の国際主義とは、決して慈善ではなく、他国の平和と繁栄に協力しつつ、米国の平和と繁栄を享受するというナショナリズムのポジティブ・サムと定義している[41]。

---

39) 瀬口清之「混迷が続くトランプ政権と対中外交方針」キャノングローバル戦略研究所、2017 年 10 月 10 日、10 頁、www.canon-igs.org/column/171013_seguchi.pdf.

40) 外務省「第 13 回アジア安全保障会議（シャングリラ・ダイアローグ）安倍内閣総理大臣の基調講演　アジアの平和と繁栄よ永遠なれ　日本は、法の支配のために　アジアは法の支配のために　法の支配は、われわれすべてのために」2014 年 5 月 30 日、http://www.mofa.go.jp/mofaj/fp/nsp/page4_000496.html.

「アメリカ・ファースト」を掲げるトランプ大統領は、一国主義や多国間主義、国際主義といった従来の物差しだけで判断することは難しく、文字通り、米国の国益を踏まえて、様々な分野で取引をする実業家であると表現することが最も当てはまるかもしれない。その中にあって、日本が位置するインド太平洋地域における安全保障を考える上で、北朝鮮、そして中国が最大の取引相手となり、日本は最も信頼された取引パートナーといった位置づけにある。

元国家安全保障会議のアジア上級部長であったラッセル（Daniel Russel）は、アジア太平洋地域の国々とそれぞれの国益を追求するためには、第1に、北朝鮮の核開発に対しての中国、ロシアとの協力、第2は、東南アジア諸国の多様性を認め寛容となること、そして第3に、アジア太平洋地域における開かれた透明性のある公平な貿易の3つの協力分野が必要であると指摘している。そして、日本は、「法の支配」に関する堅実な擁護者という立場から、中国を含んだアジア太平洋地域における影響力の行使に大きな期待をかけている[42]。

今後、インド太平洋地域の安全保障に対して、日米がいかに役割分担して、取引きしていくかによって、これからの将来の方向性が大きく変わってくるのである。「法の支配」のために、日本の果たすべき役割と責任は大きい。

---

41)　Hal Brands, "U.S. Grand Strategy in an Age of Nationalism: Fortress America and its Alternatives," *The Washington Quarterly,* Vol. 40, No. 1, Spring 2017, p. 75.

42)　Mercy A. Kuo, "US Asia Policy: Post-Rebalance Strategic Direction: Insight from Daniel Russel," *The Diplomat,* September 19, 2017, https://thediplomat.com/2017/09/us-asia-policy-post-rebalance-strategic-direction/.

第 10 章　米海軍のインド太平洋戦略
──統合と多国間協力によるアクセスの確保──

はじめに

　2017 年 11 月 6 日、トランプ（Donald Trump）米大統領の初のアジア歴訪の際に、日米首脳は、法の支配に基づく自由で開かれた海洋秩序が国際社会の安定と繁栄の基礎であることを確認し、『自由で開かれたインド太平洋戦略』を発表した[1]。それまでは、一般的にアジア太平洋と言われていたが、『自由で開かれたインド太平洋戦略』は、太平洋とインド洋の交わり（confluence）を強調したのが特徴である[2]。

　この日米両首脳による歴史的な演説の 2 年前の 2015 年 8 月 21 日には、『アジア太平洋海洋安全保障戦略（Asia-Pacific Maritime Security Strategy)』という興味深い戦略文書が発表されている[3]。それは、戦略文書名に初めて「アジア太平洋地域」と冠されたことに象徴されるように、台頭する中国の影響を念頭に、アジア太平洋地域における前方プレゼンスの向上を重点とし、最高の能力とアセット、人員を配備することを表明したのである。

　アジア太平洋地域の重要性を説いた嚆矢は、2011 年 11 月、H. クリントン（Hillary Rodham Clinton）米国務長官（当時）が、『フォーリン・ポリシー（Foreign Policy)』誌に「アメリカの太平洋世紀（America's Pacific Century)」

---

1)　外務省「日米首脳ワーキングランチ及び日米首脳会談」2017 年 11 月 6 日、www.mofa.go.jp/mofaj/na/na1/us/page4_003422.html.

2)　インド国会における安倍総理大臣演説「二つの海の交わり（Confluence of the Two Seas)」2007 年 8 月 22 日、http://www.mofa.go.jp/mofaj/press/enzetsu/19/eabe_0822.html.

3)　U.S. Department of Defense, *Asia-Pacific Maritime Security Strategy*, August 21, 2015, https://www.defense.gov/Portals/1/Documents/pubs/NDAA%20A-P_Maritime_SecuritY_Strategy-08142015-1300-FINALFORMAT.PDF.

と題する論文を提出し、「国際政治の将来が決定されるのはアジアにおいてである。」[4] と喝破したことであろう。その背景に中国の台頭があるのは間違いなく、長きにわたって同地域の平和と安定を担ってきた米国の重要性、とりわけ米国の海軍力の意義が高まるのは当然のことである。

ここで、2007 年 10 月に、米海軍作戦部長、米海兵隊司令官、米沿岸警備隊司令官の 3 名が初めて連名で提出した『21 世紀の海軍力のための協力戦略（A Cooperative Strategy for 21st Century Seapower）』（以下、CS21 と言う。）に着目してみる。そこでは、米国の海軍力の中核的能力として、①「前方プレゼンス（Forward Presence）」、②「抑止（Deterrence）」、③「制海（Sea Control）」、④「戦力投射（Power Projection）」、⑤「海洋安全保障（Maritime Security）」、⑥「人道支援／災害救援（Humanitarian Assistance/Disaster Response）」の 6 つが明記された[5]。米国の海軍力の 1 つに「海洋安全保障」と「人道支援／災害救援」が初めて加えられたことが特徴的であるが、冷戦後の脅威の多様化や 2004 年のスマトラ沖地震の教訓等を踏まえれば、当然の帰結と言える。

しかしながら、CS21 は米海軍、米海兵隊、米沿岸警備隊 3 者の妥協の産物で、具体性に乏しいとの批判を受け 2015 年 3 月 13 日に改定、これまでの海軍の 6 つの中核的能力「前方プレゼンス」「抑止」「制海」「戦力投射」「海洋安全保障」「人道支援／災害救援」から、海軍の伝統的な 4 つの必須機能である「抑止」「制海」「戦力投射」「海洋安全保障」とともに第 5 の機能として「全領域アクセス（all domain access）」を規定した[6]。米国では、戦略的思考が衰退あるいは欠乏し、特に、海軍においては、そもそも戦略的思考という文化がないとも言われている[7]。例えば、米海軍大学のホームズ

---

4 ）　Hillary Clinton, "America's Pacific Century," *Foreign Policy*, November 2011、http://www.foreignpolicy.com/articles/2011/10/11/americas_pacific_century.

5 ）　James T. Conway, Gray Roughead and Thad W. Allen, *A Cooperative Strategy for 21st Century Seapower*, October 17, 2007, http://www.navy.mil/maritime/Maritimestrategy.pdf.

6 ）　America's Navy, "Navy Releases Revised Maritime Strategy," March 13, 2015, http://www.navy.mil/submit/display.asp?story_id=86029.

7 ）　Hew Strachan, "The Lost Meaning of Strategy," *Survival,* Autumn 2005, pp. 33-54; Michael Junge, "So much Strategy, So Little Strategic Direction," *Proceedings*, Vol.

（James R. Holmes）教授は、「米国はアジアに軸足を移すとしているが、中国を明言していないため、何のために何をするのか不明確で、具体的な戦略がない。」[8] と警鐘を鳴らしている。まさに戦略という意味が消えかかっているのである。

その一方で、米海軍は作戦に関する具体的な作戦要領等を明確に示している。2010 年 3 月、海軍ドクトリンの TTP、つまり、戦術（Tactics）・技術（Techniques）・要領（Procedures）を規定した『海軍ドクトリン 1：海上戦（Naval Doctrine Publication 1：Naval Warfare)』（以下、NDP1 と言う。）が同じく連名で発表されている[9]。また、2010 年 5 月には、それをいつ、どこで、どのように実施していくかのコンセプトを規定した『海軍作戦概念 2010（Naval Operations Concept 2010)』（以下、NOC2010 と言う。）が同じく連名で発表され、CS21 の目的を達成するための手段について記述している[10]。このように曖昧と言われる戦略概念下にあっても、米海軍は作戦要領等について具体的に記述していることは注目すべきことである。先行研究においても、近年の米海軍の作戦要領等について明示された戦略等を踏まえて分析されたものは管見の限り発見できない。

これらを考慮し、本章の目的は、米海軍がインド太平洋地域において、一体どのような戦い方をしようとしているのか、米海軍のインド太平洋地域における実際的な戦略とは何かを明らかにすることである。

したがって、まずインド太平洋地域において顕著となってきている「グローバル・コモンズ」をめぐる状況を概観した上で、特に近年の米国が目指してきている戦略的方向性を確認し、米海軍及び米海兵隊のドクトリンに示さ

138/2/1, 308, February 2012, pp. 46-50.

8 ）　James R. Holmes, "Beating Voldemort Syndrome," *The Diplomat*, April 23, 2012, http://thediplomat.com/2012/04/23/beating-voldemort-syndrome.

9 ）　James T. Conway, Gray Roughead and Thad W. Allen, *Naval Doctrine Publication1: Naval* Warfare, March 01, 2010, ［hereafter NDP1］, http://www.usnwc.edu/Academics/Maritime--Staff-Operators-Course/documents/NDP-1-Naval-Warfare-（Mar-2010）_Chapters2-3.aspx.

10）　James T. Conway, Gray Roughead and Thad W. Allen, *Naval Operations Concept 2010*, May *24, 2010*, ［hereafter *NOC2010*］, http://www.navy.mil/maritime/noc/NOC2010.pdf.

れている実際的な作戦要領や戦術等を分析するとともに、最後に、近年その重要性が再認識されてきている米海兵隊の今日的意義と米海軍との関係について考察を加える。

第1節　「グローバル・コモンズ」の争奪

　2010年2月に米国防総省が公表した『四年毎の国防計画の見直し（Quadrennial Defense Review: QDR2010)』（以下、QDR2010と言う。）には、「グローバル・コモンズ（Global Commons)」や「エアシー・バトル（Air-Sea Battle)」構想といった新たな呼称が使われ話題となり、「グローバル・コモンズ」を、海洋、空、宇宙、サイバー空間における国際公共財と定義している[11]。

　コモンズという概念を初めて使ったのは、マハン（Alfred Thayer Mahan）であり[12]、2003年にこれを体系的に整理したのが、ポーゼン（Barry Posen）の「コマンド・オブ・コモンズ（Command of the Commons)」である。そこでは、陸海空を支配したほうが、より有効な軍事的潜在力を得るとしているが[13]、複雑さを増す現在の国際社会においては、すでに1つアクターがコモンズを支配することが難しい状況となっている。

　2010年7月、デンマーク（Abraham Denmark）は、「グローバル・コモンズを管理する（Managing the Global Commons)」と題する論文において、「グローバル・コモンズ」の概念は地政学的条件を基盤とするとし、中でも「海洋コモンズ」の開放と安定を維持するためには、「同盟国との協力が重要である。」[14]と主張している。

---

11)　U.S. Department of Defense, *Quadrennial Defense Review Report*, February 1, 2010, p. 8, [hereafter QDR2010].

12)　Alfred Thayer Mahan, *The Influence of Sea Power Upon History, 1660-1783,* Dover Publications, INC., 1987, p. 25.

13)　Barry R. Posen, "Command of the Commons: The Military Foundation of U.S. Hegemony," *International Security*, Vol. 28, No. 1, Summer 2003, pp. 8-9.

14)　Abraham M. Denmark, "Managing the Global Commons," *The Washington Quarterly*, Vol. 33, No. 3, July 2010, p. 169.

2012年1月5日、オバマ（Barack Hussein Obama II）米大統領は、戦略環境の変化と国防費の削減を受けて、『米国の世界的リーダーシップの維持：21世紀の国防の優先事項（Sustaining U.S. Global Leadership: Priorities for 21st Century Defense)』という新たな国防戦略指針を発表し、コンパクトで機動性のある米軍に再編し、1つの地域での大規模戦争対処と、同時に生起する1つの地域での敵の意志と能力を粉砕する戦略へと移行した。そして、アジア太平洋地域へ重点をシフトすることを強調し、同盟国及びパートナー国とともに、「グローバル・コモンズ」への「自由なアクセスへの維持と同盟国の役割の重要性」[15] を主張している。この新たな戦略ガイダンスについては、同盟国の負担に関して、ミアシャイマー（John J. Mearsheimer）やレイン（Christopher Layne）らが主張する「オフショア・バランシング（Offshore Balancing)」とそれに反論するハマス（T.X. Hammes）の「オフショア・コントロール（Offshore Control)」といった議論が活発に展開されているが[16]、その評価は定まっていない。

引き続き、2012年1月17日、米統合参謀本部は、中国の接近阻止・領域拒否（Anti-Access/Area-Denial: A2/AD）環境下における効果的な統合作戦能力を確立するために、『統合作戦アクセス構想（Joint Operational Access Concept: JOAC)』（以下、JOACと言う。）を発表した[17]。そこでは、いかにしてオペレーショナル・アクセスを確保し行動の自由を獲得するかを記述し、陸海空のより柔軟な統合と作戦領域間相乗効果（cross-domain synergy）を発揮することが強調されている[18]。また、伝統的な陸海空の戦闘空間と宇宙、

---

15) U.S. Department of Defense, *Sustaining U.S. Global Leadership: Priorities for 21st Century Defense,* January 5, 2012, p. 3, http://archive.defense.gov/news/Defense_Strategic_Guidance.pdf#search=%27Sustaining+U.+S.+Global+Leadership%3A+Priorities+for+21st+Century+Defense%27.

16) John J. Mearsheimer, *The Tragedy of Great Power Politics*, New York: W. W. Norton & Company, 2001; Christopher Layne, "Offshore Balancing Revised," *The Washington Quarterly,* Vol. 25, No. 2, Spring 2002, pp. 233-248; T. X. Hammes, "Offshore Control is the Answer," *Proceedings*, Vol.138/12/1, 318, pp. 22-26.

17) U. S. Joint Chiefs of Staff, *Joint Operational Access Concept*, January 17, 2012.

18) Ibid., pp. 8-17.

サイバー空間との一体化をこれまで以上に想定し、「冗長性を高める必要性から機動性」[19]を重視している。JOAC策定の内情に詳しい米海軍のフリードマン（Norman Friedman）分析官によれば、JOACに示された統合作戦においては、特に、「海軍力と機動的な陸上兵力が重要である。」[20]と分析している。

2012年2月20日には、シュワルツ（Norton A. Schwartz）米空軍総参謀長とグリナート（Jonathan William Greenert）米海軍作戦部長は連名で、『アメリカン・インタレスト（The American Interest）』誌に、「エアシー・バトル（Air-Sea Battle）」を発表し、「エアシー・バトルはJOACの主要要素であり、海空軍はエアシーバトル構想に基づいて高度に統合されるべきである。」[21]と主張している。

これらから、中国の興隆を踏まえ、インド太平洋地域において「グローバル・コモンズ」に対する自由なアクセスを確保することの重要性が高まり、そのなかにおいて、統合作戦における海軍力の重要性と同盟国との協力の必要性が高まっていることが認識できる。

第2節　米国の戦略的方向性

「グローバル・コモンズ」の安定を脅かすものへ対抗する手段を考える上で、米国がどのような戦略的方向性にあるのか、最近提出された米戦略文書として代表的なQDR2010と『国家安全保障戦略（National Security Strategy: NSS2010)』（以下、NSS2010と言う。）[22]を比較検討してみる。QDR2010では、新たに4つの優先課題として、①現在の戦争における勝利、②紛争の予

---

19) Ibid., p. 20.

20) Norman Friedman, "Inside The New Defense Strategy," *Proceedings*, Vol.138/3/1, 309, March 2012, p. 55.

21) Norton A. Schwartz and Jonathan W. Greenert, "Air-Sea Battle," *The American Interest*, February 20, 2012, http://www.the-american-interest.com/article.cfm?piece=1212.

22) President of the United States, *National Security Strategy*, May 2010, [hereafter *NSS2010*].

防と抑止、③敵の打破及び多岐にわたる緊急事態での成功に向けた備え、④全志願兵制の維持と強化、を挙げている。特に、紛争の予防と抑止について、米国の国益への脅威が台頭することを防ぐため、非軍事的手段の重要性や他国との協力が強調されていることが注目される[23]。

また、「バランスの見直し（rebalance）」という言葉が多用され、今日のテロとの戦いの勝利と将来の脅威への対応のバランスが急務であり、多岐にわたる作戦を実施する能力を保持するため、戦力バランスを修正するとしている[24]。

2001年の『四年毎の国防計画の見直し（Quadrennial Defense Review: QDR2001）』以来、1-4-2-1戦略による4つの地域での前方抑止を進めてきたが[25]、これを改め、多数の地域、幅広い事態へ準備し、対処することを掲げていることが特徴的である。そして、米国の防衛態勢について、「協力的に補完し合う態勢（a cooperative and tailored posture）」という概念を示し、「同盟国、パートナー国との協力、国内にあっては他省庁との協力が欠かせないとの認識」[26]を強調している。

次に、NSS2010については、2010年5月27日に公表され、軍事的な優位性は維持しているものの、過去数年、米国の競争力は後退しているとの危機感を示し、衝突回避、平和維持のために外交、国際機関等を活用し、できる限り武力行使の必要性を回避するとしている[27]。

また、安全保障、繁栄、価値、国際秩序の4つの国益追求を掲げ[28]、その第1に米国本土の安全保障としていることから、米国の価値を基準とした

---

23) *QDR2010*, pp. 11-16.

24) U.S. Department of Defense News Briefing, February 1, 2010, http://www.defense.gov/transcripts/transcript.aspx?transcriptid=4550. QDR2010 では、11か所に亘って言及している。

25) ①米国の国土防衛、②世界の4つの重要な地域（欧州、北東アジア、東アジア沿岸部、中東・南西アジア）における前方抑止、③同時に2つの戦域における敵の撃破、④限定的規模緊急事態への対処ができる戦力態勢。

26) *QDR2010*, pp. 63-64.

27) *NSS2010*, pp. 11-16.

28) Ibid., p. 18.

国際秩序による米国の繁栄を目指すことを意味するものであろう。

そして、BRICs に加え、南アフリカ、インドネシア等との関係強化を重視するとし[29]、中国については軍事力近代化を警戒しながら、責任ある指導的役割を果たすことを歓迎するとしていることから[30]、協力を進めながらの国際秩序作りを指向していることが分かる。

QDR2010 と NSS2010 に通底するのは、足掛け 9 年に亘る長い戦争による国力の衰退、競争力後退の危機感である。そして、軍事的優位性は維持しているものの、中国が興隆するなか、中長期的には現状維持は危うくなりつつあり、軍事力の行使を回避するために協力関係の強化を重要視していることが分かる。

つまり、国際システムの安定を担保する新たな国際秩序構築の目途は依然立っておらず、今日の複雑多様な安全保障問題を解決していくためには、一国のみで対応することが極めて困難で、協力関係の重要性が高まっていることが分かる。

このような安全保障環境下にあって、グリナート米海軍作戦部長（当時）は、JOAC 等の一連の米戦略文書を踏まえて、米国はまさに変曲点（inflection point）に立っているとし、前方展開の重要性及び同盟国とパートナー国との関係強化の必要性を説いている[31]。そして、そのなかにあって、米海軍・海兵隊は危機に際し真っ先に対応する国家安全保障において死活的に重要であり、かつ全作戦機関を通じ、同盟国とパートナー国と協力して作戦環境を形成することが重要としている[32]。

このように米国の戦略的方向性は、現在の複雑多様な安全保障環境と今後の方向性を見据えれば、同盟国等と協力して、有利な作戦環境を形成することにある。

---

29) Ibid., p. 3.

30) Ibid., p. 43.

31) Jonathan W. Greenert, "Sailing into 21st Century: Operating Forward, Strengthening Partnerships," *Joint Force Quarterly*, Issue 65, 2nd Quarter 2012, pp. 68-74.

32) Jonathan W. Greenert, "Navy, 2025: Forward Warfighters," *Proceedings*, Vol. 137/12/1, 306, December 2011, pp. 19-20.

第3節　海軍ドクトリン1と海軍作戦概念2010

2010年3月、米海軍作戦部長、米海兵隊司令官、米沿岸警備隊司令官は連名で海軍ドクトリン（NDP1）を発表し、海軍、海兵隊、沿岸警備隊がどのように統合作戦や多国間協力をしていくかを明らかにした。序章に詳しくその考え方が示されており、この海軍ドクトリンは、作戦上の効率性を向上させることを目的とし、海洋環境における戦争の特異性を踏まえ、将来の地域紛争に際し、いかに海軍力が政策の道具として、また統合作戦能力の一部として、あるいは単独で紛争を抑止し、対処して兵力を持続させ、いかに兵力を海から投入することができるかについて論述している。また、米国が直面する将来の脅威に対処するためには海軍単独で行動するのではなく、圧倒的な軍事力を生み出すために他の軍種及び他国との統合・連合作戦を意図し、その効果的な運用を強調している[33]。

NDP1は、3つの章で構成され、自己の存在を確認し、何をなすべきか、そしていかに戦うかを自問自答し、将来の方向付けをするという、極めて強いアイデンティティーを指向している。

第1章「我々は何者か—海軍の性格」においては、海軍の生い立ちから論述し、海軍力の特性として即応性、柔軟性、自己完結性、機動性を強調し、危機に迅速に対応する遠征部隊は、地域紛争を抑止し、必要とあれば戦闘に勝利し、危機を解決し、国益を守るため統合任務部隊の海軍部門として行動することを強調している[34]。

第2章「我々は何をなすべきか－海軍力の行使」においては、海軍戦略として、地域集中兵力とグローバル任務対応兵力に2分し、地域集中兵力においては、限定的地域紛争、大規模戦争の抑止、戦争における勝利を、グローバル任務対応兵力としては、ホームランド・ディフェンスに対する縦深性の確保、協調的関係の促進、維持、地域的混乱の予防等を目指している[35]。

---

33)　*NDP1*, pp.iii–v.

34)　Ibid., pp. 1–15.

35)　Ibid., pp. 16–24.

また、2010年5月、それをいつ、どこで、どのように実施していくかのコンセプトを規定したNOC2010が同じく連名で発表された。そこでは、海を作戦行動空間と捉え、パートナーシップを構築することによって影響力を行使しつつ、アクセスを確保するために海軍力を使用し、アクセスする場を拡大させる鍵が海兵隊にあるとしていることは興味深い[36]。

第2章「海軍力」において、海軍力は海軍、海兵隊、沿岸警備隊によって構成され、その特質として、迅速性、柔軟性、敏捷性、規模性、即応性、機動性、自己完結性、致死性としている。また、海軍力は、全作戦期間を通じて、高度な要求に応え続けなければならず、国家に提供できるものとして、①持続的なプレゼンス、②自己完結なシー・ベーシング、③海洋領域に関する専門的知見、④柔軟性のある部隊、⑤拡大抑止、⑥統合、多国間、省庁間協力できる部隊、と整理している[37]。

第3章「支配的概念：作戦領域としての海」においては、海軍力の作戦上の主要な特質が機動性と運用性にあるとした上で、海を作戦領域として捉え、情報交換の重要性を指摘している。そのなかで、強化された海兵空陸任務部隊（Marine Air-Ground Task Force: MAGTF）（以下、MAGTFと言う。）による作戦が重要であるとし、とりわけ、全作戦期間を通じて広く適応可能なシー・ベーシングにより、地域的な海上優勢を獲得することができるとしている[38]。

それでは、ここで、海軍力を構成する中核的能力について、NDP1とNOC2010における記述を比較してみる。

米海軍力の中核的能力について、NDP1においては、前方プレゼンス、抑止、制海、戦力投射、海洋安全保障、人道支援／災害救援の順に説明を加えている。一方、NOC2010においては、前方プレゼンス、海洋安全保障、人道支援／災害救援、制海、戦力投射、抑止の順で整理されている。それぞれ

---

36)　*NOC2010*, pp. 2-3.

37)　Ibid., pp. 7-12. シー・ベーシングの定義については様々あるが、米軍は海上拠点と水陸両用機能と整理している。

38)　Ibid., pp. 13-24.

150　第 10 章　米海軍インド太平洋戦略

表 1　米海軍戦略文書における海軍力の中核的能力の優先順位

順位	NDP1	NOC2010
1	前方プレゼンス	前方プレゼンス
2	抑止	海洋安全保障
3	制海	人道支援／災害救援
4	戦力投射	制海
5	海洋安全保障	戦力投射
6	人道支援／災害救援	抑止

（出所）NDP1、NOC2010 を基に筆者作成

を整理してみると、表 1 のとおりである。

　ここで注目すべきは、第 1 に、いずれも最初に「前方プレゼンス」を挙げていること。第 2 に、「制海」の次に、「戦力投射」が続いていること。そして、第 3 に、NDP1 と比べて NOC2010 において「海洋安全保障」と「人道支援／災害救援」の優先順位が上がっていることである。

　したがって、この 3 点について、NDP1 と NOC2010 それぞれの記述内容を比較してみる。

　まず、「前方プレゼンス」については、NDP1 において、作戦環境に習熟するために必要とされ、地域アクターの能力、文化、行動パターンを把握することができるとともに、影響を与えるものとされている。そして、平素の状態から有事にかけて、作戦を成功に導く鍵は、作戦環境の理解にあるとしている。また、陸上に拠点をおくことなしに、パートナー国に関与することができるとその利点を整理している[39]。一方、NOC2010 においては、地域的な脅威を封じ込め、抑止できるとし、省庁間で同期をとった協調的な総合的アプローチをとるとしている。また、任務に応じた部隊編成をとり、能力構築、安全保障協力、戦闘に対応する。つまり、海軍力は、グローバルに配置され、任務に応じて仕立てられるのである[40]。

　次に、「制海」と「戦力投射」については、NDP1 において、「制海」が海

---

39)　*NDP1*, p. 26.
40)　*NOC2010*, pp. 25-34.

軍力の本質であり、すべての海上作戦を成功裏に遂行するために必須であるとし、「制海」と「戦力投射」は、相互補完的であるとしている。「戦力投射」については、シー・ベーシングにより、陸上の港湾や空港に頼ることなく、陸上へのアクセスと戦力投射が実現でき、外交的、軍事的、地理的挑戦を克服することができるとしている[41]。一方、NOC2010において、「制海」については、海を作戦領域として利用し、死活的なシーレーンを保護し、戦闘力を投射し、維持するため、特に地域的な制海が最重要であるとしている。そして、海軍力が制海を達成するためには、海上、宇宙、サイバー領域において、脅威を中立化、あるいは、排除することが必要としている。また、「戦力投射」については、国力の主な要素である政治力、経済力、情報力、軍事力等を迅速かつ効果的に投射し、維持する能力とし、空母による打撃と水陸両用部隊による襲撃等を例示している。そして、敵性環境下におけるオペレーショナルなアクセスを獲得、維持することは、陸上、海洋、空、宇宙、サイバー空間で優位性を獲得する上で極めて重要であるとしている[42]。

　そして、「海洋安全保障」については、NDP1において、海軍力は、海洋を作戦・運動領域と捉え、我の使用を確保し、敵の使用を阻止するものとしている。また、海洋は、米国のみならず、同盟国の世界貿易と海上交通路のために極めて重要であり、広大かつ複雑な海洋領域におけるグローバルな「海洋コモンズ」の安全を確保するためには、一国のみでは対処できないとしている[43]。一方、NOC2010においては、「海洋安全保障」は、国と地域の海洋協力の結合によってもたらされる。国境を越えた脅威が増加していることを受け、省庁間協力アプローチの重要性が高まり、役割分担を確実にする必要がある。そして、海軍力として対応しなければならない作戦として、①監視、追尾、②統合任務部隊による作戦、③海上阻止活動、④法執行活動、⑤拡大海上阻止活動を掲げている[44]。

---

41)　*NDP1*, pp. 27-29.
42)　*NOC2010*, pp. 51-72.
43)　*NDP1*, pp. 29-30.

152 第 10 章　米海軍インド太平洋戦略

表 2　米海軍戦略文書における米海軍力の中核的能力と「アクセス」の使用回数

中核的能力	NDP1	NOC2010
前方プレゼンス	13	39
抑止	25	48
制海	27	62
戦力投射	16	50
海洋安全保障	25	94
人道支援／災害救援	19	34
アクセス	25	50

（出所）NDP1、NOC2010 を基に筆者作成

　最後に、「人道支援／災害救援」については[45]、NDP1 において、戦力投射能力は自然災害への対応にも有効である。陸上の港湾や空港に頼ることなく、医療支援、戦略的・戦術的輸送、後方支援、膨大な通信支援、計画調整能力を提供できる。また、人道支援／災害救援活動を通じて、信頼関係を増大させ、パートナー国の能力を強化させることによりパートナーシップを確立させることができる。そして、海軍力の第1優先は、当然、戦闘に対する即応性の維持にあるが、若干の修正により、人間の苦しみを救う救援活動に十分に貢献できるとしている[46]。一方、NOC2010 においては、「人道支援／災害救援」を海軍力の中核的能力と位置づけている。なぜならば、海軍力は効果的な戦闘を追求するが、多任務対応能力を有するため、人道支援／災害救援に際し、迅速な支援をすることができ、被災者を助け、死活的に重要なパートナー国の能力を回復させることができるからである[47]。

　また、近年の主な米海軍戦略文書における米海軍力の中核的能力と「アクセス」という言葉が使用されている回数を分析すると、表2のとおりである。

44)　*NOC2010*, pp. 35-44.
45)　人道支援／災害救援活動の顕著な事例としては、東日本大震災におけるトモダチ作戦があげられ、震災初動時の海軍力の有効性が確認された。
46)　*NDP1*, pp. 30-31.
47)　*NOC2010*, pp. 45-50.

第4節　米海兵隊の今日的意義と米海軍　　*153*

図1　各作戦フェーズにおける海軍力の中核的能力の割合

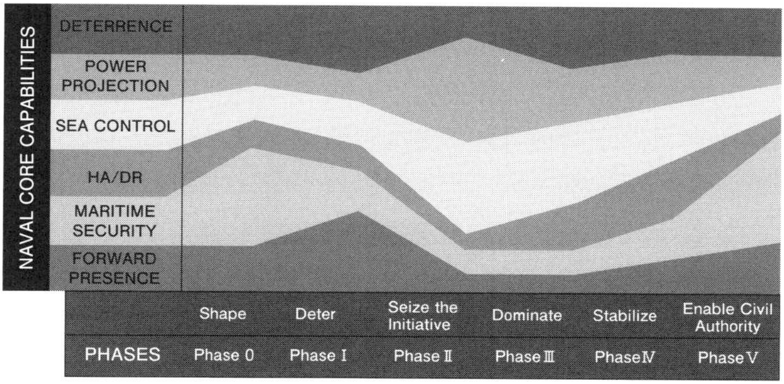

（出所）NDP1, p. 40.

　表2からは、「海洋安全保障」に係る言及が多いことが分かる。また、NDP1において、海軍力の6つの中核的能力を全作戦期間における配分について整理されており、図1のように、フェーズ0「形成（Shape）」、フェーズⅠ「抑止（Deter）」、フェーズⅡ「主導権の確保（Seize the Initiative）」、フェーズⅢ「支配（Dominate）」、フェーズⅣ「安定（Stabilize）」、フェーズⅤ「文民組織への委譲（Enable Civil Authority）」の6つのフェーズに分類されているが、ここで注目すべきは、フェーズ0とフェーズⅤにおいて、「海洋安全保障」の割合が大きいことである[48]。

　つまり、平素の状態における「海洋安全保障」の重要性が高いことを示しており、そこでは「アクセス」を確保することを追求していると分析することができる。

第4節　米海兵隊の今日的意義と米海軍

　ワーク（Robert O. Work）米海軍次官（当時）は、海軍と海兵隊を米軍事力の中核として位置づけている[49]。したがって、インド太平洋地域における

---

48)　*NDP1*, p. 40.
49)　Robert O. Work, "The Coming Naval Century," *Proceedings*, Vol. 138/5/1, 311, May

154　第10章　米海軍インド太平洋戦略

　米海軍について論ずる上で、米海兵隊との関係を抜きにしては語れない。その米海兵隊は、世界中のどこで危機が発生しても、迅速かつ確固として対応するために、「構想と戦略2025（Vision & Strategy 2025）」をまとめているが、次のような米海兵隊戦略の4本柱を示している[50]。

　第1に、組織化、つまり、攻撃的でやる気満々のMAGTFを任務に応じて編成し、作戦を実行できること。

　第2に、最適化、つまり、機敏性、柔軟性、主導性をとれる海軍遠征作戦を最適化して実施できること。

　第3に、近代化、つまり、海からの作戦を実施するための装備及び後方が近代化されていること。

　第4に、態勢保持、つまり、洋上あるいは陸上に事前に展開されたMAGTFをもって、危機を予防し、対応できる態勢を保持すること。

　そのなかで、米海兵隊が主体となって実施する水陸両用作戦の中核的な概念は、「艦艇から目標への作戦機動（Ship-To-Objective Maneuver: STOM）」である[51]。これは戦術レベルの概念であり、「水陸両用強襲」「水陸両用襲撃」「水陸両用陽動」「水陸両用撤収」「水陸両用支援」からなる5つの種類の水陸両用作戦は、戦域における安全保障協力、パートナー国の能力構築、危機対応、小規模な緊急事態、統合作戦における強襲のいずれにも対応できるとしている。そして、不確実、複雑かつ厳しい将来の作戦環境にいかに対応していくかを記述しており、特に水平と垂直からの作戦が強調され、沿岸部における作戦行動能力、つまりアクセスの確保と行動の自由が重要視されている。このような有用性を有しているため、米海軍・海兵隊は、1990年以降、137の水陸両用作戦、2001年以降は50を越える水陸両用作戦を実施している[52]。

　また、水陸両用作戦の成否は、沿岸部における作戦、つまり海から陸への

　　2012, pp. 24-30.

50)　James T. Conway, *Marine Corps Vision & Strategy 2025,* Summer 2008.

51)　George J. Flynn, *Ship-To-Objective Maneuver*, May 16, 2011.

52)　Ibid., pp. ii-1.

第 4 節　米海兵隊の今日的意義と米海軍　　*155*

戦力投射にあり、作戦環境と敵の情勢に応じた柔軟性と迅速性と運動性にあるとしている。そして、作戦プラットフォームとしての水陸両用艦艇の重要性が認識されており、米海軍と米海兵隊の関係が重要であると規定している[53]。

　このように水陸両用作戦の実績と米海軍と米海兵隊の関係を踏まえれば、近年ますます米海兵隊の存在意義が向上していることが分かる。

　ここで、インド太平洋地域を地政学的に見てみれば、同地域における「グローバル・コモンズ」をめぐる問題は、かつてのシー・パワーとランド・パワーの対立の文脈を再燃させる可能性がある。レビー（Jack Levy）とトムプソン（William Thompson）による「陸上と海上のバランス（Balancing on Land and at Sea）」によれば、大国関係を理解するためには、バランスオブパワーの理解が必要であり、シー・パワーとランド・パワーのバランスをとることができれば、衝突しないとしている[54]。このバランスとは、インド太平洋地域における戦略的伝統の分析をしたロス（Robert Ross）によれば、シー・パワー国家である米国の海洋部における優位とランド・パワー国家である中国の大陸部における優位によって特徴づけられるものである[55]。

　つまり、ロスが定義するランド・パワー国家の中国は海軍力を増大させてシー・パワー国家化しているのであり、それに対するシー・パワー国家の米国の存在意義はますます大きくなっている。そして、インド太平洋地域の平和と安定を確保する上で、とりわけ米海軍と米海兵隊の役割は極めて重要であり、米海軍は、そのような認識の下、具体的な戦い方について構想している。今後は、より一層、米海軍と米海兵隊の協力関係が重要となるであろう。

---

53)　Ibid., p. 8.

54)　Jack S. Levy and William R. Thompson, "Balancing on Land and at Sea: Do States Ally against the Leading Global Power?," *International Security*, Vol. 35, No. 1, Summer 2010, pp. 7-43.

55)　Robert S. Ross, "The Geography of the Peace: East Asia in the Twenty-first Century," *International Security*, Vol. 23, No. 4, Spring 1999, pp. 81-118.

156　第 10 章　米海軍インド太平洋戦略

おわりに

　中国の台頭は、インド太平洋地域における「グローバル・コモンズ」に対する自由なアクセスに大きな影響力を及ぼし、同地域の平和と安定のため、米海軍の役割はますます増大してきている。米海軍のインド太平洋戦略とは何かとの問いに対し、各種戦略文書を分析した結論の第 1 は、米海軍に明確な太平洋戦略というべきものは見当たらないということである。しかし、明確な戦略がない一方で、より具体的な戦い方についての整理がなされていることから、結論の第 2 は、具体的な戦い方の目標として、自由なアクセスの確保を掲げていることである。そして、自由なアクセスの確保は、米国一国ではなし得ないことから、結論の第 3 として、統合と多国間協力の必要性が高まっているのである。

　これらのことは、四面を海に囲まれた日本にとって、より一層、海洋の重要性が高まってきていることを示し、つまり、日本にとって、「グローバル・コモンズ」をめぐる問題とは、自由なアクセスを確保するための「海洋コモンズ」に係る協力の問題と言っても過言ではないほどの大きな意義を有する。そして、インド太平洋地域において不安定要因を顕在化させないようにバランスをとっていくためには、「海洋コモンズ」をめぐっての摩擦を減らすことが重要である。

　米中関係史の権威であるフェアバンク（John K. Fairbank）は、「米国の極東政策を特徴づけた道徳的な正義感は、戦争が政策を実現する道具であるという考えを少しも持たなかった点が特徴であった。」[56] と述べている。これは米国が理想主義的アプローチに重点をおき、現実主義的な国益の観点を欠いたことがアジアの混乱を招くことになったとの歴史的な見解である。日本は、インド太平洋地域における混乱を防ぐために、今とりえる現実的なアプローチとして、海洋における多国間協力を進めるべきである。

　自由なアクセスの確保は、貿易で生計を立てている日本にとっても死活的

---

56)　John K. Fairbank, *The United States and China, Fourth Edition,* Cambridge, Massachusetts: Harvard University Press, 1979, p. 315.

に重要であり、とりわけ平素からの不断の努力が欠かせない。そこでは、防衛省・自衛隊が平素から貢献できる大きな余地がある。様々な法的制約下にあっても、平素から関与することができる人道支援／災害救援活動や海賊対処活動等の非伝統的安全保障分野に、防衛省・自衛隊が有する知見と能力を発揮して、主導していく積極的な姿勢が必要である。

第11章　インド太平洋地域における
新たな安全保障ダイヤモンド
──ミャンマーに対する日本の戦略的アプローチ──

はじめに

　2010年10月、H.クリントン（Hillary Rodham Clinton）米国務長官（当時）は、ホノルル演説において、「インド太平洋（Indo-Pacific）」という言葉を初めて使い、それ以降インド洋と太平洋を戦略的に融合した安全保障の議論が盛んになっている[1]。この演説は、昨今の中国の活発な海洋進出を踏まえてのものであった。インド太平洋地域における海洋をめぐる安全保障問題のなかでも、最近特に顕著なのがインドを包囲するかのような港湾を中心としたインフラ整備である。中国は、「真珠の首飾り」[2]に象徴されるように、パキスタンのグワダル（Gwadar）港、スリランカのハンバントタ（Hambantota）港、バングラデシュのチッタゴン（Chittagong）港、ミャンマーのティラワ（Thilawa）港等における港湾の整備を進め、2013年10月にはより広範な経済圏構築を目指す「21世紀海上シルクロード（21世紀海上絲綢之路）」[3]（以下、「海上シルクロード」と言う。）構想を明らかにした。これに対してインドは、「ダイヤのネックレス」[4]構想を掲げ、中国への対抗姿勢を

---

1)　Hillary Rodham Clinton, "America's Engagement in the Asia-Pacific," October 28, 2010, http://www.state.gov/secretary/20092013clinton/rm/2010/10/150141. htm?goMobile=0. インド・太平洋に関する体系的な研究については、山本吉宣『アジア（特に南シナ海・インド洋）における安全保障秩序』日本国際問題研究所、2013年3月に詳しい。

2)　" 'Strings of pearls' military plan to protect China's oil: US report," *Space War,* January 18, 2005, http://www.spacewar.com/2005/050118111727.edxbwxn8.html.

3)　"Speech by Chinese President Xi Jinping to Indonesian Parliament," ASEAN-China Centre, October 3, 2013.

4)　Raja Mohan, Indian's new role in the Indian Ocean, 2011, http://www.india-seminar.

明瞭している。

　中国とインドによる港湾をめぐるこの攻防は、単に経済上の問題のみに留まらず、安全保障上の問題でもある。港湾は、海洋への自由なアクセスを確保するための重要な要素の一つであり、それを平和的かつ持続的に確保していくためには、多国間の協力関係が重要な鍵となるであろう。

　インドのシン（Manmohan Singh）前首相が指摘するように、インド太平洋地域及び世界の繁栄のためには、安定した海洋の安全保障が不可欠であり[5]、そのためにはインド洋と太平洋のほぼ中間に位置する国の一つであるミャンマーに改めて注目する必要があるであろう。なぜならば、ミャンマーは、2011年3月の民政移管後、中国への過度な依存から脱却し、平和と繁栄を目指すために欧米諸国との関係改善を図り始めているからである。また、ASEAN諸国の中で唯一インドと陸上国境を接し、インフラの整備が進展すれば、同地域における経済的発展の中核となる可能性を秘めているからである[6]。しかしながらその一方で、ミャンマーは、2011年5月に、中国と「全面的戦略協力パートナーシップ（全面战略合作伙伴关系）」[7]を合意するなど、流動的な側面を残しているのもまた事実である。

　その中国は、米国の裏庭である中南米のニカラグアにおいて、太平洋と大西洋をつなぐ運河建設に着手したが、同じくインド洋と太平洋をつなぐ可能性がある地域として、マレー半島クラ地峡（Kra Isthmus）にも注目し始めている[8]。その一部はミャンマー領であり、もし新たな運河建設が実現するようなことになれば、海上交通路に大きな変化が生じ、その安全保障上かつ経

---

　　com/2011/617/617_c_raja_mohan.htm; Akjilesh Pillalamarri, "Project Mausam: India's Answer to China's 'Maritime Silk Road'," *The Diplomat,* September 18, 2014.

5)　"Prime Minister's Address to Japan-India Association, Japan-India Parliamentary Friendship League and International Friendship Exchange Council," *Military of External Affairs: Government of India,* May 28, 2013.

6)　Catharin Dalpino, "Second Chance: Prospects for U.S.-Myanmar Relations," Mely Caballero-Anthony et al., eds., *Myanmar's Growing Regional Role*, The National Bureau of Asian Research（NBR）Special Report #45, March 2014, p. 34.

7)　"中国与缅甸关于建立全面战略合作伙伴关系的联合声明," *Xinhua,* May 28, 2011.

8)　Robert D. Kaplan, "Center Stage for the Twenty-first Century: Power Plays in the Indian Ocean," *Foreign Affairs,* Vol. 88, Issue 2, March/April 2009; Gretchen Small,

済上のインパクトは大きい。このように、ミャンマーの戦略的重要性は急速に高まってきている。

2014年5月、ミャンマーは、ASEAN首脳会談で初めて議長国を務め、国際社会における責任ある立場へと一歩踏み出した。インド太平洋地域における安全保障と経済的発展を考えていく上で、流動的なミャンマーを国際社会の責任ある立場に引きとどめておくことの重要性がこれまでになく高まってきている。そしてミャンマーに国際社会に対する認識を新たにさせた大きな契機となったのが、軍事政権下の2008年5月2日にミャンマーを直撃し、十万人以上の被害者を出したサイクロン・ナルギスの教訓である。なぜならば、被災当初は、人道的介入に警戒し国際社会の協力に応じなかったものの、最終的には受け入れているからである。

日本にとって、インド太平洋地域は、死活的に重要である。日本は「アジア民主主義安全保障ダイヤモンド」[9]（以下、「安全保障ダイヤモンド」と言う。）構想を掲げ、中東からインド洋、マラッカ海峡を経て西太平洋に至る地域における安全保障と経済的発展を確保するために、日本、米国、豪州、インドによる海洋権益保護のための「安全保障ダイヤモンド」の形成を明らかにした。同地域に依然大きな影響を有する米国とともに、日本が果たさなければならない役割は極めて大きい。今、日本に求められていることは、海洋権益保護のための「安全保障ダイヤモンド」を真に輝かせるための具体的な方策である。つまり、この「安全保障ダイヤモンド」を効果的に形成するため、いかに多国間の協力関係を強化し、海洋における安全保障を確保するかが問われており、その手掛かりとなる国が、国際社会へ踏み出したばかりで、かつ何よりも歴史的に親日なミャンマーなのである。それでは、インド太平洋地域における海洋をめぐる安全保障を確保するために、日本がミャンマーに対して採るべき安全保障アプローチとは一体どのようなものであろう

"Nicaragua's Canal: The Maritime Silk Road Comes to the Americas," *Executive Intelligence Review*, January 9, 2015.

9） Shinzo Abe, "Asia's Democratic Security Diamond," *Project Syndicate,* December 27, 2012, http://www.project-syndicate.org/commentary/a-strategic-alliance-for-japan-and-india-by-shinzo-abe.

か。

　本章では、インド太平洋地域において、中国が推し進める「海上シルクロード」構想を整理し、同地域におけるミャンマーの戦略的重要性を踏まえた上で、サイクロン・ナルギスの教訓を検証し、同地域における安全保障と経済的発展を担保するため、ミャンマーに対する具体的な安全保障アプローチとしての「新たな安全保障ダイヤモンド」構想を明らかにするものである。

第1節　首飾りから海上シルクロード

　今、世界は未曽有の危機に直面している。ロシアのクリミア半島併合により、東ウクライナ問題をめぐる問題は混迷の度を深め、G8態勢はもろくも崩壊した。また国際テロの拡散と激化の懸念も一層深まっている。このような流動化する国際社会の中で、日本周辺に目を転じれば、中国の台頭が顕著である。中国は、インド太平洋地域において新たな構想を次から次へと打ち出し、新たな地域秩序構築に邁進している。

　中国の習近平国家主席は、2013年9月7日、カザフスタンにおいて、太平洋からバルト海までユーラシア大陸を横断する「シルクロード経済帯（絲綢之路経済帯）」構想を掲げ、「新たに提案したシルクロード経済帯には30億人が居住し、中国と中央アジアの2012年の貿易総額は、1992年の実に百倍となり、世界最大の市場になることが期待されている。遠くの親戚よりも隣人を重視した総合的な協力を促進する。」[10]と、ユーラシア大陸における新たな経済圏構築に意欲を示した。アジアと欧州との経済的連携の緊密化は、中国がより大きな役割を果たすことにより、経済的発展の可能性が一層高まることが期待されている。

　また、2013年10月3日には、インドネシアにおいて、習近平主席は「海上シルクロード」構想を提案し、「新たなルートが中国の経済的発展とASEAN諸国との善隣友好外交を発展させ、中国とASEAN諸国がウィン・

---

[10]　Wu Jiao and Zhang Yunbi, "Xi proposes a 'new Silk Road' with Central Asia," *China Daily*, September 8, 2013.

ウィンの戦略的関係となる。」[11] と表明した。「海上シルクロード」構想は、特に港湾などのインフラを発展させるために、海洋における協力を強化しようとする考えであり、とりわけ ASEAN 諸国との協力を念頭においている。「真珠の首飾り」構想は、もっぱら安全保障の観点から米国が 2005 年に名付けた構想であるため、中国は決してその文言を使用することなく[12]、ASEAN 諸国そしてさらに欧米諸国との海洋インフラを整備する構想として「海上シルクロード」構想を新たに提起したのである。

2014 年に入ってから、中国はこの 2 つのシルクロード構想を、国際会議においてしきりに流布している。2014 年 5 月 21 日、上海において、47 の国と国際機関が集まり、第 4 回アジア相互協力信頼醸成措置会議（Conference on Interaction and Confidence Building Measures in Asia: CICA）が開催された。中国の習近平国家主席は「新アジア安全保障観」と題する基調講演を行い、「古い安全保障観を完全に捨て、開放的で平等で透明性のある持続的な協力関係を追求する新たな安全保障観を提唱する。そのために、シルクロード経済帯と海上シルクロードにおける経済的発展を加速させる。」[13] と呼びかけ、中国がアジアの安全保障と経済的発展を確かなものにするための地域秩序構築に深く関与していく姿勢を明らかにした。CICA は、1992 年に全上海機構加盟国を含んだ信頼醸成措置のためのフォーラムとして設立されたが、今や加盟国は、オブザーバーを合わせると 37 の国と国際機関に膨れ上がり、アジアを代表する最大の地域フォーラムとなっている。

また、2014 年 9 月 16 日から、南京において、中国と ASEAN の主要企業 2300 社が集まり、第 11 回中国 ASEAN エクスポ（China-ASEAN Expo: CAEXPO 2014）が開催された。テーマは、「21 世紀海上シルクロードの構築」

---

11) Wu Jiao and Zhang Yunbi, "Xi in call for building of new 'maritime silk road'," *China Daily*, October 4, 2014.

12) Shannon Tiezzi, "The Maritime Silk Road Vs. The String of Pearls," *The Diplomat*, February 13, 2014.

13) An, "China champions new Asian security concept: Xi," *Xinhua*, May 21, 2014; Mu Xuequan, "Xi: Asian nations voice capacity of taking lead in solving Asian affairs," *Xinhua*, May 21, 2014.

であり、2015 年は、「中国 ASEAN 海上協力の年」[14) と宣言した。中国の張高麗（Zhang Gaoli）副首相によれば、「ASEAN は 21 世紀海上シルクロード構想の鍵となる地域であり、中国と ASEAN の 2013 年の貿易総額は、2004 年の約 4 倍にもなっている。中国と ASEAN は、近隣であり親戚であり、真のパートナー（natural partners）である。」[15) と、ASEAN を最重要視している。

　さらに、2014 年 11 月 9 日には、北京において、各国政府・経済界の首脳が一堂に会して、「アジア・太平洋地域のパートナーシップによる将来の形成」をテーマに、アジア太平洋経済協力会議（Asia-Pacific Economic Cooperation: APEC）CEO サミットが行われた。中国の習近平国家主席は基調講演において、現在岐路に立っている「アジア・太平洋の夢」を実現するために、「アジアインフラ投資銀行（Asian Infrastructure Investment Bank: AIIB）の早期実現とウィン・ウィンによる地域協力により、中国のシルクロード経済帯と海上シルクロードの建設を促進させる。」[16) ことを表明した。またこれに加え、中国は、各国が不足しているインフラ整備のために、「シルクロード基金」として 400 億ドル（約 4.6 兆円）を拠出することを表明した[17)。

　中国の「シルクロード経済帯」と「海上シルクロード」は、2 つを合わせて「一帯一路」と表現されているが[18)、この構想によって中国の周辺地域に対する影響力は確実に高まってきている[19)。中国は、この新たな構想を掲げることによって、地域の安全保障と経済的発展に関して主導的立場を示し、具体的な行動としてインフラの整備が顕著になってきているのである。

　この 2 つのシルクロードには、中国版マーシャルプランではないか[20)、

---

14) Shannon Tiezzi, "China Pushes 'Maritime Silk Road' in South, Southeast Asia," *The Diplomat,* September 17, 2014.

15) Ben Yue, "Silk route to bilateral growth," *China Daily,* September 19, 2014.

16) Menjie, "Chinese president proposes Asia-Pacific dream," *Xinhua,* November 9, 2014.

17) Zhao Shengnan, "Xi pledges $40b for Silk Road fund," *China Daily,* November 9, 2014.

18) Liu, "China Focus: Xi's "belt and road" prioritize infrastructure," *Xinhua,* January 05, 2015.

19) 「中国の『シルクロード構想』、周辺地域への影響力を強める狙い」、*Reuters,* 2014 年 11 月 11 日。

20) Shannon Tiezzi, "The New Silk Road: China's Marshall Plan?," *The Diplomat,* November

米国やロシアを無視しているとの批判も出ているが[21]、中国は「インド太平洋地域においてユーラシア大陸と沿岸国家の連結性を最大限に高めるために、平和を唱え、経済的発展を促進するウィン・ウィンの協力関係である。」[22] と説明している。

中国の王毅外交部長によれば、2014年は、「一帯一路」に係る実りあるパートナーシップ関係を構築できた年と評価した上で、「『中国の夢』をさらに進め、国境を越えた『アジア・太平洋の夢』へと拡大する。」[23] と表明している。このように、中国は、新たな構想を掲げてインド太平洋地域における新たな地域秩序構築に意欲を示しており、そして国際秩序を視野に入れた新たな地域秩序構築において中国が主導的立場を築きつつあることは明らかである。中国は、新たな構想をもって国際社会へと踏み出しているが、課題は国際社会において信頼関係を維持していけるかどうかである。

第2節　ミャンマーの戦略的重要性

インド太平洋地域におけるミャンマーの戦略的重要性を強調する論調は、枚挙に暇がない。例えば、カーネーギー国際平和財団（Carnegie Endowment for International Peace）の日本研究部長を務め、日米関係に詳しいショフ（James L. Schoff）上級研究員によれば、「日本にとって、ミャンマーは地政学的、戦略的、そして経済的に重要である。」[24] と分析している。また、中国については、アジア経済研究所の工藤年博主任研究員によれば、「中国はミャンマーに対してエネルギー調達・安全保障、インド洋へのアクセス、国際

06, 2014.

21)　Simson Denyer, "China bypasses American 'New Silk Road' with tow if its own," *Washington Post,* October 14, 2013; Camille Brugier, "China's way: the new Silk Road," *European Union Institute for Security Studies Brief Issue,* May 2014, p. 4.

22)　Zheng Xie, "Not a new Marshall Plan," *China Daily,* November 18, 2014.

23)　Nathan Beauchamp-Mustafaga, "China's Foreign Policy in 2014: A Year to Harvest Partnerships and the Silk Road," *China Brief,* Volume 14, Issue 24, December 19, 2014, p. 2.

24)　James L. Schoff, "What Myanmar means for the U.S.-Japan Alliance," *Carnegie Endowment for International Peace*, September 2014, p. 6.

第2節　ミャンマーの戦略的重要性　*165*

貿易・国境地域の治安の3つの戦略的利益がある。」[25]と分析している。さらに、全米アジア研究所（The National Bureau of Asian Research: NBR）がまとめた報告書によれば、米国はミャンマーに戦略的な国益があるとし[26]、中国は天然資源を獲得するためのアクセスを確保するために、ミャンマーにおいて支配的な役割を果たすことを目的としており、そのためにまずミャンマーの経済的発展に寄与する機会を模索していると分析している[27]。また、インドについても、地域秩序の安定や経済的発展、南西アジアにおける関係構築といった様々な国益をミャンマーに有していると分析している[28]。このようにミャンマーの戦略的重要性は、インド太平洋地域における安全保障と経済的発展に大きな影響を与えることにある。

　ここで、ミャンマーとの関係において無視できない大きな影響力を与えている中国及び米国との関係について分析してみる。まず中国とミャンマーは「全面的戦略協力パートナーシップ」の関係にあり、2013年6月5日、海南省三亜市における会談に引き続き[29]、2014年6月27日、中国の習近平国家主席は、北京で、ミャンマーのテイン・セイン（Thein Sein）大統領と会談し、このパートナーシップを前進させることを再確認し、中国企業のミャンマーへの投資を奨励することにより、ウィン・ウィンの新しいタイプの協力関係を築くための努力をすることで合意している[30]。

---

25)　工藤年博「中国の対ミャンマー政策：課題と展望」日本貿易振興機構（ジェトロ）アジア経済研究所政策提言研究、2012年8月20日。http://www.ide.go.jp/Japanese/Publish/Download/Seisaku/120802_kudo.html.

26)　Catharin Dalpino, "Second Chance: Prospects for U.S.-Myanmar Relations," Mely Caballero-Anthony et al., eds., *Myanmar's Growing Regional Role*, The National Bureau of Asian Research（NBR）Special Report #45, March 2014, p. 34.

27)　Abraham M. Denmark, "Myanmar and Asia's New Great Game," Mely Caballero-Anthony et al., eds., *Myanmar's Growing Regional Role,* The National Bureau of Asian Research（NBR）Special Report #45, March 2014, p. 78.

28)　Ibid., p. 81.

29)　「習近平国家主席、ミャンマー大統領と会談　全面的戦略協力パートナーシップの発展で合意」中国網、2013年6月4日。http://japanese.china.org.cn/politics/txt/2013-04/06/content_28457877.htm.

30)　「習近平主席、ミャンマー大統領と会談　両国関係の発展堅持で一致」中華人民共和国駐日本国大使館、2014年7月1日。http://www.china-embassy.or.jp/jpn/zgyw/

166　第 11 章　インド太平洋地域における新たな安全保障ダイヤモンド

　また、ミャンマーは、ベンガル湾に面したチャウピュ（Kyaukphyu）港から瑞麗（Ruili）を経由し、雲南省昆明市まで通じるパイプランを有しており、中国は原油と天然ガスのパイプライン、水力発電、そして鉄道や道路を整備することによって、地域的支配を固めようとしている[31]。これについてミャンマー研究の世界的権威であるジョージタウン大学のスタインバーグ（David I. Steinberg）教授は、「もし中国が、マラッカ海峡と南シナ海を避け、ミャンマーを通じて石油を輸入できるようになれば、それは日本の国益に反する。」[32] と分析している。

　このような中国とミャンマーの新たな関係について、疑問を呈する意見も存在する。シンガポール国立大学アジア研究所のチャターブディ（Rajeev Ranjan Chaturvedy）研究員によれば、「中国の海上シルクロードは、国際協力を進め、新たなレベルでの海洋パートナーシップを構築していく上で非常に有益であるが、なお一層の政治的かつ戦略的な信頼が必要である。」[33] と、中国の信頼性についてはなお問題があることを指摘している。

　しかしながら、中国が新たに提起した 2 つのシルクロードについて、インド太平洋地域の各国が大きな魅力を感じているのは確かであろう。例えば、スリランカはコロンボ港湾市建設のために 14 億ドルを受領し、すでに「海上シルクロード」構想の一部となっており、モルジブはまだ資金援助を受けてはいないものの関心を露わにし、さらにインドでさえも興味を示し始めている[34]。また、カンボジアも、2014 年 12 月には、この構想に全面的に貢献することを誓約し、中国と「運命共同体（common destiny）」[35] であると表明

---

t1170218.htm.

31)　Boten and Mohan, "Stretching the thread," *The Economist,* November 29, 2014.

32)　David I. Steinberg, "Japan and Myanmar: Relationship Redux," *Center for Strategic & International Studies* (*CSIS*) *Japan Chair Platform,* October 15, 2013.

33)　Rajeev Ranjan Chaturvedy, "New Maritime Silk Road: Converging Interests and Regional Responses," *ISAS* (*Institute of South Asian Studies, National University of Singapore*) *Working Paper,* No. 197, October 8, 2014, p. 1.

34)　Shannon Tiezzi, "China Pushes 'Maritime Silk Road' in South, Southeast Asia," *The Diplomat,* September 17, 2014.

35)　Xiang Bo, "Cambodia vows to contribute to China's "One Belt, One Road initiatives,""

している。このように、信頼性に疑問を残しつつも、中国の主導的立場により協力関係は進展しているのである。

　次に、米国については、ミャンマーが権威主義的な体制を採っていたがゆえに疎遠な関係が続いてきたが、2011年3月の23年振りの民政移管によって大きな転機を迎えた。2011年12月、クリントン米国務長官が、過去50年間で国務長官として初めてミャンマーを訪問し、約1年後の2012年11月にオバマ（Barack Hussein Obama II）米大統領も訪問している。そして、2013年5月には、テイン・セイン大統領が、ミャンマーの国家最高指導者として47年振りに米国を訪問し、オバマ米大統領と会談を実現したのである。2014年5月、ASEAN首脳会談で初めて議長国を務めたミャンマーは、まさに民主化と政治経済改革の途上にあり、「ミャンマーの成功は、ASEANの成功である。」[36]と言われるように、2015年末のASEAN経済共同体実現に向けた大きな転機を迎えているのである。このように、戦略的重要性が増すミャンマーに対して、いかに国際社会における責任ある立場の重要性と国際協力の必要性を認識させ続けさせるかが、これからのインド太平洋地域における大きな課題であることは間違いない。

第3節　サイクロン・ナルギスの教訓

　長く続いた権威主義的なミャンマーに大きな転機が訪れることとなったのは、皮肉にも甚大な被害をもたらしたサイクロン・ナルギスの影響である。1962年の軍事クーデター以来続いたミャンマー軍事政権は中国よりの政策を採り続け、2007年9月の反政府デモ（サフラン革命）に対して武力による弾圧を加えたことにより、国際的な非難は急速に高まった。その最中の2008年5月2日、サイクロン・ナルギスがミャンマーを直撃した。仏誌『ルモンド（Le Monde）』が、「ミャンマーの人民は、自然災害と軍事政権に

Xinhua, December 13, 2014.

36)　Sandar Lwin, "Myanmar's success is ASEAN's success," *The Myanmar Times,* March 04, 2014.

168　第 11 章　インド太平洋地域における新たな安全保障ダイヤモンド

よってもたされた政治的災害という 2 つの災難の犠牲者である。」[37] と伝え
たように、サイクロン・ナルギスは、死者 14 万人、行方不明者 240 万人を
超える甚大な被害を伴い[38]、ミャンマー軍事政権に大きな衝撃を与えるこ
ととなったのである。

　被災直後のレポートによれば、死者は 351 人であったが、すぐに 4 千人、
1.5 万人、2.2 万人と膨れ上がった[39]。それほど、現地は混乱していたので
ある。そして、被災後わずか 1 週間の内に、24 か国計 3000 万ドルの資金援
助等の莫大な国際援助の申し出があったが[40]、ミャンマー軍事政権の最高
決定機関である国家平和発展評議会（State Peace and Development Council:
SPDC）は、国際社会からの人道的な国際援助を断った。SPDC は、国際援
助組織がミャンマーに入ることを新植民地主義であるとして警戒し[41]、人
道支援よりも、国家の安全保障に重きをおいたのである[42]。被災当初、
SPDC は、軍と警察による救援及び復興活動を実施したものの、被害の実態
は遥かにそれらの能力を越えるものであった[43]。しかし SPDC は、国際援
助活動が国内で展開されることに終始積極的ではなく、したがって時間の経
過とともに水や食糧も不足し、疫病発生の危機も迫り、救援活動が手遅れに
なりつつあった。5 月 9 日までに、190 万人が援助を必要としていたが、22
万人しか届いていないのが現状であった[44]。

---

37)　Bernard Kouchner, *Le Monde,* May 20, 2008.

38)　U.N. Office for the Coordination of Humanitarian Affairs (UNOCHA)'s *Myanmar
Revised Appeal, Cyclone Nargis Response Plan,* July, 2008.

39)　"Hundreds Killed by Burma Cyclone," *BBC news,* May 4, 2008; Aye Aye Win, "Nearly
4,000 People Dead; 3,000 People Missing," *Associated Press, May* 5, 2008; "Burmese Storm
Toll 'Tops 10,000'," *BBC news,* May 5, 2008,and Aung Hla Tun, "Myanmar Cyclone Toll
Climbs to Nearly 22,500," *Reuters*, May 6, 2008.

40)　*Burma Bulletin,* Issue 17, May 2008, p. 5.

41)　Wai Moe, "Cyclone Could Unleash Political Upheaval," *Irrawaddy*, May 5, 2008.

42)　Brian McCartan, "Relief as war in Myanmar," *Asia Times Online*, May 20, 2008, http://
www.atimes.com/atimes/Southeast_Asia/JE20Ae01.html.

43)　U.N. Office for the Coordination of Humanitarian Affairs (UNOCHA), "Myanmar:
Cyclone Nargis OCHA Situation Report," No. 3, May 6, 2008.

44)　Seth Mydans, "Myanmar Seizes U.N. Food for Cyclone Victims and Blocks Foreign
Experts," *New York* Times, May 10, 2008.

SPDC のあまりに稚拙な対応に国際的な批判が集中した。国連世界食糧計画（World Food Programme: WFP）は、SPDC の対応について、「人道支援の観点から前代未聞」[45] と評価した。また、潘基文（Ban Ki-moon）国連事務総長は、「憂慮すべき人道的危機に対する受け入れ難い遅い対応」と深い懸念といらだちを表明した[46]。そして、ブラウン（Gordon Brown）英国首相も、「自然災害が、人為的大参事と化した。」[47] と評したほどである。

サイクロン・ナルギスによる大混乱が続くなかの 5 月 10 日、SPDC は被災地域を除く地域において新憲法に係る国民投票を強行した。しかし、救援活動が遅れ人道的危機が加速しているなかでの国民投票の強行は、軍事政権の異常さを一層世界に露呈する結果となった。

このような異常事態のなかにおいて、ようやくミャンマー軍事政権が警戒心を解いたのは潘基文国連事務総長と ASEAN 諸国の尽力によるものであった。5 月 23 日、首都ネピドーにおいて、潘基文国連事務総長と軍事政権の最高責任者であるタン・シュエ（Than Shwe）SPDC 議長が 2 時間にわたって会談し、国連の顔を立てる形で国際援助活動の受け入れをようやく決定した。米会計検査院の報告によれば、ミャンマー政府が国際援助活動の受け入れたのは、国連、ミャンマー政府及び ASEAN からなる援助調整機関（Tripartite Core Group: TCG）が、信頼関係を構築できたことにあると分析している[48]。また、被災程度が想像以上に甚大でミャンマー政府だけで手に負えないことが国際的に明らかになったことが大きく影響しているのも間違いないであろう。

サイクロン・ナルギスの教訓とは、ミャンマー軍事政権による災害対応が稚拙で、軍事政権に対する潜在的な不信があり、そして時間とともに広がる食糧不足と物価の上昇等が軍事政権を覆す要因となったことである[49]。ミ

---

45) "Burma Shuns Foreign Aid Workers," *BBC news,* May 9, 2008.
46) *Burma Bulletin,* Issue 17, May 2008, p. 7.
47) "Burma 'Guilty of Inhuman Action'," *BBC news,* May 17, 2008.
48) "BURMA UN and U.S. Agencies Assisted Cyclone Victims in Difficult Environment, but Improved U.S. Monitoring Needed," *United States Government Accountability Office,* July 2011, p. 37.

ャンマー軍事政権は被災当初から国際援助活動を受け入れることに消極的姿勢を貫いたが、国連と ASEAN の働きかけにより、被災状況の現実を認識することとなり、その後の国際救援活動は徐々に軌道に乗ることとなる。

このようにサイクロン・ナルギスは、ミャンマー軍事政権に大きな挑戦を科すことになったのである。それは、軍事政権にとって人道に係る国際的な介入の恐怖である。それは、人道的支援や経済的発展といった点だけではなく、国家の独立や主権の問題なのである。しかしながら、サイクロン・ナルギスは、軍事政権の不安定性を明らかにさせ、権威主義的な政治体制を変化させる要因となったとともに、国際社会における協力の重要性を示したのである。自然災害への対応における国際社会のプレゼンスは、国内の政治的発展と国際社会との関係構築に密接な関係があり、政治体制に大きな影響を与えたのである。

第4節　新たな安全保障ダイヤモンド

国際政治学者であるカプラン（Robert D. Kaplan）は、著書『モンスーン（Monsoon）』において、インド洋における米国、中国、インドのバランス・オブ・パワーの変化を研究し、過去 500 年続いた欧米世界の優位性がゆるやかに終焉に向かう可能性を指摘した[50]。今後、インド太平洋地域における安全保障と経済的発展を考えていく上で、様々な協力関係を模索してゆくことが必要であり、とりわけ同地域においては ASEAN 諸国等の多国間の協力関係構築による安定した地域秩序構築が、ますます重要となるであろう。なかでも、サイクロン・ナルギスの経験を経て、民政移管したミャンマーは、政治的にも経済的にも重要な移行期にあり、ミャンマーの政治的かつ経済的な成功は、地域秩序の安定に大きな影響を及ぼすことは疑いない。

---

49)　Michael F. Martin and Rhoda Margesson, "Cyclone Nargis and Burma's Constitutional Referendum," *CRS Report for Congress,* May 9, 2008, p. 18.

50)　Robert D. Kaplan, *MONSOON: The Indian Ocean and the future of American Power,* Random House, 2010, p. xii.

第 4 節　新たな安全保障ダイヤモンド　*171*

　中国は、「一帯一路」構想をもって、ミャンマーに対して支援を継続して
いく準備ができているとされるが[51]、より重要なことは、欧米諸国がミャ
ンマーとの協力関係を深め、ミャンマーを国際社会の重要な一員として歓迎
できるように、国内外における信頼関係を構築していくことである。

　そのために、日本が果たすべき役割は大きい。ジョージタウン大学のスタ
インバーグ（David I. Steinberg）教授によれば、米戦略国際問題研究所
（Center for Strategic & International Studies: CSIS）のレポート「日緬関係再来」
において、米国の経済制裁下にあっても、日本がミャンマーに対して人道的
支援と債務返済支援を継続してきたことを高く評価し、「日本が再びミャン
マーに対する影響力を行使すれば、ミャンマーを中立的な立場に留めること
ができる。」[52]と、日本の影響力の大きさを指摘している。また、カーネー
ギー国際平和財団のショフ上級研究員によれば、「米国は民主主義アプロー
チを採り、日本は貿易と経済関係を優先すべきである。」[53]と、日米の役割
分担を明らかにすべきと主張している。そして、全米アジア研究所のデンマ
ーク（Abraham M. Denmark）副所長も、ショフ上級研究員の意見に同意し、
日本とミャンマーの関係の中心は、貿易と経済にあると分析している[54]。
このように日本が、インド太平洋地域において影響力を行使していく分野と
しては、主として安定した貿易と経済の確保にあるのである。

　現今の流動化する国際情勢において、インドを取り巻くように主要国の国
益が相克するインド太平洋地域において、日本が提示した「安全保障ダイヤ
モンド」構想の意義は大きい。この構想の中核は、「民主主義、法の支配、
人権尊重といった価値観外交」に重点をおき、「太平洋とインド洋をまたぐ

---

51)　Peter Banham, "Why Burma is the New Focus of International Relations," *A Little View of the World,* November 13, 2012.

52)　David I. Steinberg, "Japan and Myanmar: Relationship Redux," *Center for Strategic & International Studies* (*CSIS*) *Japan Chair Platform,* October 15, 2013.

53)　James L. Schoff, "What Myanmar means for the U.S.-Japan Alliance," *Carnegie Endowment for International Peace,* September 2014, p. 1.

54)　Abraham M. Denmark, "Myanmar and Asia's New Great Game," Mely Caballero-Anthony et al., eds., *Myanmar's Growing Regional Role*, The National Bureau of Asian Research (NBR) Special Report #45, March 2014, p. 83.

航行の自由の守護者」として大きな責任を負うことである。そして、インド太平洋地域において、日本が安定した貿易と経済のために貢献していくためには、ASEAN 諸国をはじめ多国間で協力しつつ、「安全保障と経済的発展のバランス」をとっていくことが重要である。なぜならば、ASEAN 諸国の多くも、ミャンマーと同様に、中国と安全保障上の様々な問題を抱えながらも、経済的には協力関係にあるからである。

　また、「安全保障と経済的発展のバランス」といった目的を達成するための具体的な手段を示さなければ、「安全保障ダイヤモンド」を真に輝かせることとはならないであろう。シン（Vikram Singh）米国防次官補代理（南・東南アジア担当）は、米下院外交委員会アジア太平洋小委員会において、「ミャンマーにおいて、軍は最も重要な利害関係者である。」[55] と証言している。また、シェアー（David Shear）米国防次官補（アジア太平洋安全保障担当）も、「ミャンマーの改革には、軍の関与が不可欠である。」[56] と指摘している。軍事政権から脱皮したばかりのミャンマーにとって必要なことは、民主主義を成熟させるとともに、国際社会における軍事力の役割と活用といった軍部へのアプローチなのである。

　したがって、「安全保障と経済的発展のバランス」といった目的を達成するための具体的な手段としては、「価値観外交」を進めるための政治・外交といった非軍事力の活用と「航行の自由の守護者」のための軍事力の活用、すなわち「非軍事力と軍事力のバランス」をとることが重要である。そして、ミャンマーに対して特に軍事力を活用すべき分野としては、能力構築と訓練が必要である[57]。

　そこでは、戦後 70 年間、平和国家の道を歩んできた日本の防衛省・自衛

---

55)　"Engagement with Burma," Vikram Singh, Deputy Assistant Secretary for South and Southeast Asia, Asian and Pacific Security Affairs, U.S. Department of Defense, December 4, 2013.

56)　Matthew Pennington, "US Says Military Engagement Key for Burma Reform," *The Irrawaddy,* February 26, 2014.

57)　David I. Steinberg, "Burma–Myanmar: The U.S.–Burmese Relationship and Its Vicissitudes," Nancy Birdsall et al., eds., *Short of the Goal: U.S. Policy and Poorly Performing States,* Center for Global Development, 2006, p. 239.

隊が有する軍事的能力の活用が大きく期待できる。これは防衛省・自衛隊による国際社会における軍事的貢献による平和の構築と地域の安定であると言える。特に、インド太平洋地域において悩まされ続けている自然災害への準備や対応を含む災害管理やアデン湾における海賊対処活動において得た多くの知見を最大限活用することである。日本の防衛省・自衛隊が、ミャンマーに対して、インド太平洋地域における安全保障と経済的発展のために、軍事的な能力構築と訓練を進めることは、同地域秩序の安定に直結するものである。

　これからのインド太平洋地域においては、「安全保障と経済的発展のバランス」と「非軍事力と軍事力のバランス」の２つのバランスによって、「安全保障ダイヤモンド」を真に輝かせる必要があるのである。

おわりに

　インド太平洋地域において、中国が現在推し進めている２つのシルクロードは、新たな経済圏を構築してゆく壮大な構想である。しかしながら、そこに国際社会の信頼関係がなければ、単なるユートピアとなる恐れがある。そして２つのシルクロードのなかでも、特に「海上シルクロード」は、海洋への自由なアクセスが確保されなければ、安全保障上も経済上も、協力の場から係争の場へと様相は一変するであろう。

　そのインド太平洋地域において、近年に民政移管したミャンマーの戦略的重要性は高まる一方であり、特にASEAN諸国との関係次第によって、地域秩序の安定に直接大きな影響を与える重要な試金石となっている。このような状況下に、ミャンマーを直撃したサイクロン・ナルギスは、国際社会における協力の重要性を国内外に示すこととなり、ミャンマーを国際社会の責任ある一員として目覚ませたのであった。

　日本は、最大の同盟国である米国とともに、インド太平洋地域において積極的に国際的な責務を果たすべく大きく舵を取りはじめた。この地域における戦略的重要性を持つ「安全保障ダイヤモンド」を真に輝かせるため、日本

はミャンマーに対して具体的な安全保障アプローチを採らなければならない。

あとがき

　『日本の海上権力―作戦術の意義と実践―』は、日本防衛の最前線を担う海上自衛官の筆者が、この数年間にわたって発表してきた現場の視点からの日本の防衛に係る持論をまとめたものである。

　日本は、戦後70年以上にわたって平和国家の道を歩み、海を通じて繁栄を享受してきた。しかしながら、日本が位置するインド太平洋地域には、伝統的安全保障脅威と非伝統的安全保障脅威が織りなし、その安全保障環境は一層厳しさを増している。昨今のハイブリッド戦争に代表されるように、平時と戦時、軍事と非軍事の境界も不透明になってきており、もはや一国のみで国の平和と安全を確保することは現実的な選択肢とはなり得なくなってきている。

　これらを踏まえ、日本は「積極的平和主義」の旗の下、国際社会における応分の責任を果たすべく、海図なき将来に向かって積極的に責任ある舵を取り始めている。それは、日本のみならず、インド太平洋地域と国際社会の平和と安定、そして繁栄のために、主張し、目に見える形での実際の行動をとることである。つまり、主張と行動である。

　これからの日本の安全保障を考えていく上で、「シーパワー」と「作戦術」の視点がますます重要である。日本が有する「シーパワー」をインド太平洋地域及び国際社会のために最大限に発揮していくためには、これまで以上に平素からの活動と日米同盟の強化が重要となってくる。

　本書をまとめるに際し、重複をつとめて削り、最新の安全保障状況を踏まえた上で、必要な加筆改稿を加えているが、根本的な捉え方は変わっていない。

　初出は次のとおりである。関係者に御礼申し上げる。

第Ⅰ部　戦略・作戦・戦術

第1章　「『作戦術』とは何か」『日本戦略研究フォーラム季報』第75号、2018年1月。

第2章　「武器としての作戦思考―戦略と戦術をつなぐもの―」『海外事情』第62巻第3号、2014年3月。

第Ⅱ部　中国のシーパワー

第3章　「中国海軍の能力と活動」『日本戦略研究フォーラム季報』第76号、2018年4月。

第4章　「中国海警局の特徴と日本の対応」『日本戦略研究フォーラム季報』第74号、2017年10月。

第5章　「中国海上民兵の実態と日本の対応―海南省の実例を中心に―」『日本戦略研究フォーラム季報』第73号、2017年7月。

第Ⅲ部　日本のシーパワー

第6章　「東日本大震災初動における実績と課題―海自と米海軍の活動現場から―」『危機管理研究』第20号、2012年3月。

第7章　「シー・ベーシングの将来―22大綱とポスト大震災の防衛力―」『海幹校戦略研究』第2巻第1号、2012年5月。

第8章　「海上自衛隊とNGO―人道支援／災害救援活動を中心に―」『海幹校戦略研究』第3巻第1号、2013年5月。

第Ⅳ部　新たな安全保障アプローチ

第9章　「トランプ政権のアジア太平洋安全保障政策と日米同盟―この1年を振り返って―」『危機管理研究』第26号、2018年3月。

第10章　「米海軍のアジア太平洋戦略―統合と多国間協力によるアクセスの確保―」『戦略研究』第13号、2013年8月。

第11章　「ミャンマーの戦略的重要性と日本のアプローチ―新たな安全保障ダイヤモンド―」『日本戦略研究フォーラム季報』第66号、2015年10月、第67号、2016年1月、第68号、2016年4月。

本書の出版にあたって、これまで多くの方々のご指導、ご鞭撻をあずか

り、ここに感謝の気持ちを表したい。特に、国士舘大学名誉教授の池田十吾先生には、研究のみならず、日本の国のあり方、日本外交のあり方についてのご指導を頂き、心より厚く御礼申し上げます。また、日本戦略研究フォーラムの屋山太郎会長及び長野禮子理事には、研究会等を通じて多大なご支援ご協力を賜り、深く御礼申し上げます。そして、尚絅学院大学名誉教授の油川洋先生には、小生の研究の取り組み方に貴重なご助言を頂き、感謝の意を表します。

　最後に私事にわたるが、日本の国を愛し、国士としてそれぞれの役目に全力を尽くすことを誓いあった妻統美と息子統英に感謝の意を表したい。

　　2018 年 7 月 1 日

　　　　　　　　　　　　　　　　　海浜幕張の自宅書斎にて

　　　　　　　　　　　　　　　　　　　下 平 拓 哉

著者紹介

下 平 拓 哉 （しもだいら　たくや）

1989年	防衛大学校（電気工学）卒業
2000年	筑波大学大学院地域研究研究科修士課程修了 （地域研究学修士）
2007年	アジア太平洋安全保障センター（APCSS） エグゼクティブ・コース修了
2009年	国士舘大学大学院政治学研究科博士課程修了 （政治学博士）
2014年	米海軍大学客員教授（統合軍事作戦：JMO）
2016年	防衛省防衛研究所主任研究官

日本の海上権力
───作戦術の意義と実践───

2018年8月1日　初　版第1刷発行

著　　者　　下　平　拓　哉

発 行 者　　阿　部　成　一

〒162-0041　東京都新宿区早稲田鶴巻町514番地

発 行 所　　株式会社　成　文　堂

電話 03(3203)9201　FAX 03(3203)9206
http://www.seibundoh.co.jp

印刷・製版・製本　シナノ印刷

© 2018　Takuya Shimodaira　　Printed in Japan

☆落丁本・乱丁本はおとりかえいたします☆

ISBN978-4-7923-3377-5　C3031　　検印省略

定価（本体2200円＋税）